工业和信息化"十三五"
人才培养规划教材

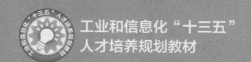

MySQL

数据库基础│实例教程

MySQL Database Basic Instance Tutorial

汪晓青 ◎ 主编

韩方勇 江平 ◎ 副主编

U0191534

人民邮电出版社

北京

图书在版编目（CIP）数据

MySQL数据库基础实例教程 / 汪晓青主编. -- 北京：
人民邮电出版社，2020.1（2024.1 重印）
工业和信息化"十三五"人才培养规划教材
ISBN 978-7-115-52620-5

Ⅰ．①M… Ⅱ．①汪… Ⅲ．①SQL语言－高等学校－教
材 Ⅳ．①TP311.132.3

中国版本图书馆CIP数据核字(2019)第254152号

内 容 提 要

本书较全面地介绍了 MySQL 数据库的基础知识及其应用。本书共 11 章，包括数据库基础，MySQL 的安装与配置，数据库的基本操作，数据表的基本操作，表数据的增、改、删操作，数据查询，视图，索引，存储过程与触发器，事务，数据安全等内容。本书采用案例教学方式，每章以应用实例的方式阐述知识要点，再通过实训项目分析综合应用，最后辅以思考与练习巩固所学知识。应用实例、实训项目、思考与练习这 3 个部分分别采用 3 个不同的数据库项目贯穿始末。

本书既可作为计算机相关专业和非计算机专业数据库基础或数据库开发课程的教材，也可作为计算机软件开发人员、从事数据库管理与维护工作的专业人员、广大计算机爱好者的自学用书。

◆ 主　　编　汪晓青
　　副 主 编　韩方勇　江　平
　　责任编辑　祝智敏
　　责任印制　马振武

◆ 人民邮电出版社出版发行　　北京市丰台区成寿寺路 11 号
　　邮编　100164　　电子邮件　315@ptpress.com.cn
　　网址　http://www.ptpress.com.cn
　　人卫印务（北京）有限公司印刷

◆ 开本：787×1092　1/16
　　印张：12.5　　　　　　　　2020 年 1 月第 1 版
　　字数：294 千字　　　　　　2024 年 1 月北京第 10 次印刷

定价：39.00 元

读者服务热线：**(010)81055256**　印装质量热线：**(010)81055316**
反盗版热线：**(010)81055315**
广告经营许可证：京东工商广登字 20170147 号

前言

FOREWORD

数据库技术是现代信息科学与技术的重要组成部分，是计算机数据处理与信息管理系统的核心。MySQL 数据库是目前较流行的数据库之一，它有开源数据库读取速度快、易用性好、支持 SQL 和网络、可移植、费用低等特点，逐渐成为企业应用数据库的首选。

数据库技术是计算机相关专业的一门重要专业基础课程。本书根据计算机相关专业人才培养的需要，结合高等院校对学生开发数据库技能要求、行业企业相应岗位能力要求，以"实用、好用、够用"为原则来编写。本书内容知识连贯、逻辑严密，实例丰富，内容翔实，可操作性强；深入浅出展示了 MySQL 数据库的特性，系统全面地讲解了 MySQL 数据库的应用技巧。本书共 11 章，介绍了数据库基础，MySQL 的安装与配置，数据库的基本操作，数据表的基本操作，表数据的增、改、删操作，数据查询，视图，索引，存储过程与触发器，事务，数据安全等内容。

本书是编者在多年的教学实践以及项目实战开发的基础上，参阅大量国内外相关教材后，几经修改而成的，主要特点如下。

1. 语言精练、易懂

本书对数据库中的基本概念和技术进行了清楚准确的解释并结合实例加以说明，让读者能较轻松地掌握每个知识点。

2. 任务驱动，项目开发与理论教学紧密结合

本书采用 3 个不同的数据库项目贯穿始末，在每章的知识点讲解、应用实例中采用的是图书馆管理系统，实训项目采用的是教务管理系统，思考与练习采用的是公司员工管理系统，项目内容贴近工作实际，有很强的实用性。

3. 内容组织合理有效

本书按照由浅入深的顺序，循序渐进地介绍了数据库应用、管理以及程序设计的相关知识和技能。各个章节的编写以实践应用为目标，理论的阐述主要围绕实际应用技术组织和展开，练习不再附属于相关理论知识。

本书由汪晓青担任主编，韩方勇、江平担任副主编，姚超、曹廷、付宇、肖菲、郭俐参与编写，汪晓青统编全稿。

本书内容是编者多年从事数据库技术课程教学和项目实战开发经验的总结。由于时间仓促，加之作者水平所限，书中难免会有疏漏与不妥之处，敬请广大读者批评指正。

目 录

CONTENTS

MySQL

1 Chapter

第1章

数据库基础

学习目标：

- 了解数据管理技术的发展及数据库系统的组成；
- 了解数据模型概念以及常见的数据模型类型；
- 掌握 E-R 图的绘制方法；
- 掌握关系数据库的规范化范式标准。

1.1　数据库概述

　　数据库技术是信息系统的一个核心技术。数据库技术产生于 20 世纪 60 年代末，其主要目的是有效地管理和存取大量的数据资源。随着计算机技术的不断发展，数据库技术已成为计算机科学的重要分支。今天，数据库技术不仅应用于事务处理，还进一步应用到了情报检索、人工智能、专家系统、计算机辅助设计等领域。数据库的建设规模、数据库信息量的规模及使用频度已成为衡量一个企业、一个组织乃至一个国家信息化程度高低的重要标志。

　　下面以小张同学新学期第一天的学习生活为例来说明数据库技术与人们的生活息息相关。早上起床，小张想知道今天要上哪些课程，所以他登录学校的"教务管理系统"，在"选课数据库"中查询到他今天的上课信息，包括课程名称、上课时间、地点、授课教师等；接着，小张走进食堂买早餐，当他刷餐卡时，学校的"就餐管理系统"根据他的卡号在"餐卡数据库"里读取"卡内金额"，并将"消费金额"等信息写入数据库；课后小张去图书馆借书，他登录"图书馆管理系统"后通过"图书数据库"查询书籍信息，选择要借阅的书籍，当他办理借阅手续时，该系统将小张的借阅信息（包括借书证号、姓名、图书编号、借阅日期等）写入数据库；晚上，小张去超市购物，"超市结算系统"根据条码到"商品数据库"中查询物品名称、单价等信息，并计算结算金额、找零等数据。由此可见，数据库技术的应用已经深入人们生活的方方面面，科学地管理数据，为人们提供可共享的、安全的、可靠的数据变得尤为重要。

1.1.1　数据管理技术的发展

　　数据管理技术是应数据管理任务的需求而产生的，随着计算机技术的发展，数据管理任务对数据管理技术也不断提出更高的要求。数据管理技术先后经历了人工管理、文件系统和数据库系统 3 个阶段，下面分别进行介绍。

1.　人工管理阶段

　　20 世纪 50 年代中期以前，计算机主要用于科学计算。当时的硬件和软件设备都很落后，数据基本依赖于人工管理。该阶段的数据管理具有如下特点。

- 数据不保存。
- 使用应用程序管理数据。
- 数据不共享。
- 数据不具有独立性。

2.　文件系统阶段

　　20 世纪 50 年代后期到 20 世纪 60 年代中期，硬件和软件技术都有了进一步发展，有了磁盘等存储设备和专门的数据管理软件（即文件系统）。该阶段的数据管理具有如下特点。

- 数据可以长期保存。
- 由文件系统管理数据。
- 共享性差，数据冗余大。
- 数据独立性差。

3. 数据库系统阶段

20 世纪 60 年代后期，计算机应用于管理系统，而且规模越来越大，应用越来越广泛，数据量急剧增长，对共享功能的需求越来越强烈，这样使用文件系统管理数据已经不能满足要求，于是出现了数据库系统以统一管理数据。数据库系统的出现满足了多用户、多应用共享数据的需求，比文件系统具有明显的优势，它的出现标志着数据管理技术的飞跃。

1.1.2　数据库系统的组成

数据库系统（DataBase System，DBS）是采用数据库技术的计算机系统，是由数据库（数据）、数据库管理系统、数据库管理员（人员）、支持数据库系统的硬件和软件（应用开发工具、应用系统等）以及用户构成的运行实体，如图 1-1 所示。其中，数据库管理员（DataBase Administrator，DBA）是对数据库进行规划、设计、维护和监视等的专业管理人员，在数据库系统中起着非常重要的作用。

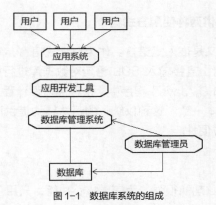

图 1-1　数据库系统的组成

1.1.3　结构化查询语言

为了更好地提供从数据库中简单有效的读取数据的方法，1974 年 Boyce 和 Chamberlin 提出了一种称为 SEQUEL 的结构化查询语言。1976 年，IBM 公司的 San Jose 研究所在研究关系数据库管理系统 System R 时将其修改为 SEQUEL2，即目前的结构化查询语言（Strctured Query Language，SQL），它是一种专门用来与数据库通信的标准语言。

SQL 集数据查询（Data Query）、数据操纵（Data Manipulation）、数据定义（Data Definition）和数据控制（Data Control）功能于一体，充分体现了关系数据语言的特点。

1. 综合统一

SQL 不是某个特定数据库供应商专有的语言，所有关系型数据库都支持 SQL。SQL 风格统一，可以独立完成数据库生命周期中的全部活动，包括定义关系模式、录入数据以建立数据库、查询、更新、维护、数据库重构、数据库安全性控制等一系列操作，这就为数据库应用系统开发提供了良好的环境。例如，用户在数据库投入运行后，还可根据需要随时在不影响数据库运行的情况下修改，从而使系统具有良好的可扩展性。

2. 高度非过程化

非关系数据模型的数据操纵语言是面向过程的，用其完成某项请求时必须指定存取路径。而用 SQL 进行数据操作，用户只须提出"做什么"，不必指明"怎么做"，因此用户无须了解存取路径，存取路径的选择以及 SQL 语句的操作过程都由系统自动完成。这不但大大减轻了用户负担，而且有利于提高数据独立性。

3. 面向集合的操作方式

SQL 采用集合操作方式，不仅查找结果可以是元组的集合，而且一次插入、删除、更新操作的对象也可以是元组的集合。非关系数据模型采用的是面向记录的操作方式，任何一个操作的对象都是一条记录。例如，查询所有平均成绩在 80 分以上的学生姓名，用户必须说明完成该请求的具体处理过程，即如何用循环结构按照某条路径把满足条件的学生记录一条一条地读出来。

4. 以同一种语法结构提供两种使用方式

SQL 既是自含式语言，又是嵌入式语言。作为自含式语言，它能够独立用于联机交互的使用方式，用户可以在终端键盘上直接输入 SQL 语句对数据库进行操作。作为嵌入式语言，SQL 语句能够嵌入高级语言（例如 C，Java）程序中，供程序员设计程序时使用。在两种不同的使用方式下，SQL 的语法结构基本一致。这种以统一的语法结构提供两种不同的使用方式的特点，为用户带来极大的灵活性与方便性。

5. 语言简洁，易学易用

SQL 语句非常简洁。SQL 功能很强，为完成核心功能，只用了 6 个命令，包括 SELECT、CREATE、INSERT、UPDATE、DELETE、GRANT（REVOKE）。另外，SQL 也非常简单，很接近英语自然语言，因此容易学习和掌握。SQL 目前已成为应用最广的关系数据库语言。

1.2 数据模型

1.2.1 数据模型的概念

数据模型是指数据库中数据的存储结构，是反映客观事物及其联系的数据描述形式。数据库的类型是根据数据模型划分的。数据库管理系统是根据数据模型有针对性地设计出来的，这就意味着必须把数据库组织成符合数据库管理系统规定的数据模型。

数据模型通常由数据结构、数据操作和完整性约束 3 部分组成。

（1）数据结构是对系统静态特征的描述，描述对象包括数据的类型、内容、性质和数据之间的相互关系。

（2）数据操作是对系统动态特征的描述，是对数据库各种对象实例的操作。

（3）完整性约束是完整性规则的集合，它定义了给定数据模型中数据及其联系所具有的制约和依存规则。

1.2.2　常见的数据模型

目前成熟应用在数据库系统中的数据模型有层次模型、网状模型和关系模型，它们之间的根本区别在于数据之间联系的表示方式不同，层次模型用"树结构"表示数据之间的联系，网状模型用"图结构"表示数据之间的联系，关系模型用"二维表"（或称为关系）表示数据之间的联系。

1．层次模型

这种模型描述事物及其联系的数据组织形式像一棵倒置的树，它由节点和连线组成，其中节点表示实体。树有根、枝、叶，在这里都称为节点，根节点只有一个，向下分支，它是一对多的关系，如国家的行政机构、一个家族的族谱的组织形式都可以看作是层次模型。图 1-2 所示为一个学院教务管理的层次模型，灰色字体框所示的是实体之间的联系，其后所列是按层次模型组织的数据示例。

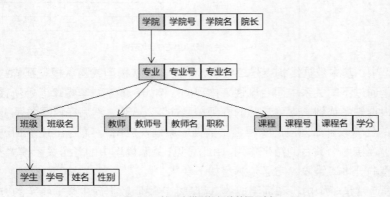

图 1-2　按层次模型组织的数据示例

此种类型数据库的优点是数据结构层次分明，不同层次间的数据关联直接、简单；缺点是数据将不得不以纵向向外扩展，节点之间很难建立横向的关联，因此不利于数据库系统的管理和维护。

2．网状模型

这种模型描述事物及其联系的数据组织形式像一张网，它也由节点和连线组成，其中节点表示数据元素，节点间的连线表示数据间的联系。该模型节点之间是平等的，无上下层关系。图 1-3 所示为按网状模型组织的数据示例。

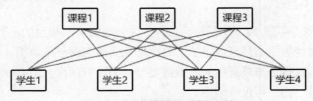

图 1-3　按网状模型组织的数据示例

此种类型数据库的优点是它能很容易地反映实体之间的关联，同时它还避免了数据的重复性；缺点是这种类型的数据模型关联错综复杂，而且数据库很难对结构中的所谓关联性进行维护。

3. 关系模型

关系模型使用的存储结构是多个二维表格，即反映事物及其联系的数据描述是以平面表格形式体现的。图 1-4 所示为简单的关系模型，图左边所示为两个关系模型，图右边所示为这两个关系模型各自的关系，关系名称分别为教师关系和课程关系。

教师关系模型：

教师编号	姓名	职称	所在学院

课程关系模型：

课程号	课程名	教师编号	上课教室

教师关系：

教师编号	姓名	职称	所在学院
10305964	陈哲	讲师	人文学院
10148755	刘建华	教授	计算机学院
10225836	李煜珍	副教授	信息学院

课程关系：

课程号	课程名	教师编号	上课教室
Z003	数据库原理及应用	10225836	406
J001	公共英语	10305964	205
Z001	Java程序设计	10148755	302

图 1-4　按关系模型组织的数据示例

在关系模型中，基本数据结构就是二维表，不用像层次模型或网状模型那样的链接指针。记录之间的联系是通过不同关系中同名属性来体现的。例如，要查找李煜珍老师所授课程，可以先在教师关系中根据姓名找到李煜珍老师的教师编号 10225836，然后在课程关系中找到教师编号为 10225836 的任课教师所对应的课程名 "数据库原理及应用"。通过上述查询过程，同名属性教师编号起到了连接两个关系的纽带作用。由此可见，关系模型中的各个关系模式不应是孤立的，也不是随意拼凑的一堆二维表，它必须满足如下要求。

（1）数据表通常是一个由行和列组成的二维表，它说明数据库中某一特定的方面或部分的对象及其属性。

（2）数据表中的行通常叫作记录或元组，它代表众多具有相同属性的对象中的一个。

（3）数据表中的列通常叫作字段或属性，它代表相应数据库中存储对象共有的属性。

（4）主键和外键。数据表之间的关联实际上是通过键（Key）实现的。所谓的 "键"，是指数据表的一个字段。键分为主键（Primary Key）和外键（Foreign Key）两种，它们都在数据表连接的过程中起着重要的作用。

① 主键是数据表中具有唯一性的字段，也就是说，数据表中任意两条记录都不可能拥有相同的主键字段。

② 外键将被其所在的数据表使用以连接到其他数据表，但该外键字段在其他数据表中将作为主键字段出现。

（5）一个关系表必须符合如下某些特定条件，才能成为关系模型的一部分。

① 存储在单元中的数据必须是原始的，每个单元只能存储一条数据。

② 存储在列下的数据必须具有相同的数据类型；列没有顺序，但有一个唯一性的名称。

③ 每行数据是唯一的；行没有顺序。

④ 实体完整性原则（主键保证），不能为空。

⑤ 引用完整性原则（外键保证），不能为空。

1.2.3　实体与关系

现实世界中客观存在的各种事物、事物之间的关系及事物的发生、变化过程，要通过对实体、特征、实体集及其联系进行划分和认识，概念模型就是客观世界到信息（概念）世界的认识和抽象，是用户与数据库设计人员进行交流的语言。实体-联系图（Entity Relationship Diagram，E-R图）常用来表示概念模型，通过 E-R 图中的实体、实体的属性以及实体之间的关系表示数据库系统的结构。

1.　E-R 图的组成要素及其画法

（1）实体（Entity）。

实体是现实世界中客观存在并且可以互相区别的事物和活动的抽象。具有相同特征和性质的同一类实体的集合称为实体集，可以用实体名及其属性名集合来抽象和刻画。在 E-R 图中，实体集用矩形表示，矩形框内写明实体名，如图 1-5 所示。例如，学生张三、学生李四都是实体，可以用实体集"学生"表示。

（2）属性（Attribute）。

属性即实体具有的某一特性，一个实体可由若干个属性刻画。E-R 图中用椭圆形表示属性，并用无向边将其与相应的实体连接起来，如图 1-5 所示。例如，学生的姓名、学号、性别都是属性。

（3）关系（Relationship）。

关系即实体集之间的相互关系，在 E-R 图中用菱形表示，如图 1-5 所示。菱形框内写明联系名，并用无向边分别与有关实体连接起来，同时在无向边旁标上联系的类型（1∶1，1∶n 或 m∶n）。例如，教师给学生授课存在授课关系，学生选课存在选课关系。

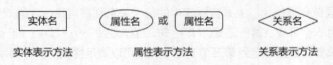

图 1-5　实体、属性、关系的表示方法

2.　一对一（1∶1）的关系

一对一的关系中，A 中的一个实体至多与 B 中的一个实体相关，B 中的一个实体也至多与 A 中的一个实体相关。例如，"班级"与"学习委员"这两个实体集之间就是一对一的关系，因为一个班只有一个学习委员，反过来，一个学习委员只属于一个班。"班级"与"学习委员"的 E-R 图模型如图 1-6 所示。

3.　一对多（1∶n）的关系

一对多的关系中，A 中的一个实体可以与 B 中的多个实体相关，而 B 中的一个实体至多与 A 中的一个实体相关。例如，"班级"与"学生"这两个实

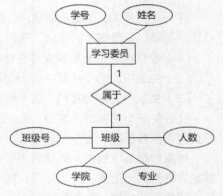

图 1-6　"班级"与"学习委员"的 E-R 图模型

体集之间的关系是一对多的关系，因为一个班可有若干学生，反过来，一个学生只能属于一个班。"班级"与"学生"的 E-R 图模型如图 1-7 所示。

4．多对多（*m*:*n*）的关系

多对多的关系中，A 中的一个实体可以与 B 中的多个实体相关，而 B 中的一个实体也可与 A 中的多个实体相关。例如，"学生"与"课程"这两个实体集之间的关系是多对多的关系，因为一个学生可选多门课程，反过来，一门课程也可被多个学生选修。"学生"与"课程"的 E-R 图模型如图 1-8 所示。

图 1-7　"班级"与"学生"的 E-R 图模型　　　图 1-8　"学生"与"课程"的关系 E-R 图模型

1.3　数据库的规范化

关系数据库的规范化理论为：关系数据库中的每个关系都要满足一定的规范。根据满足规范的条件不同，可以分为 5 个等级：第一范式(1NF)、第二范式(2NF)……其中，NF 是 Normal Form 的缩写。一般情况下，只要把数据规范到第三范式标准，就可以满足需要了。下面举例介绍前 3 种范式。

1．第一范式（1NF）

在一个关系中，消除重复字段，且各字段都是最小的逻辑存储单位。第一范式是第二和第三范式的基础，是最基本的范式。第一范式包括下列指导原则。

（1）数据组的每个属性只可包含一个值。

（2）关系中的每个数组必须包含相同数量的值。

（3）关系中的每个数组一定不能相同。

在任何一个关系数据库中，第一范式是对关系模式的基本要求，不满足第一范式的数据库就不是关系型数据库。

如果数据表中的每一列都是不可再分的基本数据项，即同一列中不能有多个值，那么就称此数据表符合第一范式。由此可见，第一范式具有不可再分解的原子特性。

在第一范式中，数据表的每一行只包含一个实体的信息，并且每一行的每一列只能存放实体的一个属性。例如，对于学生信息，不可以将学生实体的所有属性信息（如学号、姓名、性别、

年龄、班级等）都放在一个列中显示，也不能将学生实体的两个或多个属性信息放在一个列中显示，即学生实体的每个属性信息都分别放在一个列中显示。

　　如果数据表中的列信息都符合第一范式，那么在数据表中的字段都是单一的、不可再分的。表 1-1 就是不符合第一范式的学生信息表，因为"家庭地址"列中包含"地址"和"邮编"两个属性信息，这样"班级"列中的信息就不是单一的，是可以再分的。表 1-2 是符合第一范式的学生信息表，它将原"家庭地址"列的信息拆分为"地址"列和"邮编"列。

表 1-1　不符合第一范式的学生信息表

学号	姓名	性别	年龄	家庭地址
180127	艾珊珊	女	19	武汉市江汉区友谊路 48 号，邮编 430022
180133	肖梦仪	女	18	武汉市汉阳区鹦鹉大道 102 号，邮编 430050

表 1-2　符合第一范式的学生信息表

学号	姓名	性别	年龄	地址	邮编
180127	艾珊珊	女	19	武汉市江汉区友谊路 48 号	430022
180133	肖梦仪	女	18	武汉市汉阳区鹦鹉大道 102 号	430050

2. 第二范式（2NF）

　　第二范式是在第一范式的基础上建立起来的，即要满足第二范式，必先满足第一范式。第二范式要求数据库表中的每个实体（即各个记录行）必须可以被唯一地区分。为实现区分各行记录，通常需要为表设置一个"区分列"，用以存储各个实体的唯一标识。在学生信息表中设置了"学号"列，由于每个学生的学号都是唯一的，因此每个学生可以被唯一地区分（即使学生存在重名的情况下），那么这个唯一属性列就被称为主关键字或主键。

　　第二范式要求实体的属性完全依赖于主关键字，即不能存在仅依赖主关键字一部分的属性，如果存在，这个属性和主关键字的这一部分应该分离出来形成一个新的实体，新实体与原实体之间是一对多的关系。

　　例如，这里以表 1-3 "学生选课信息表"为例，若以学号为关键字（即主键），就会存在如下决定关系：

- （学号）决定（姓名、年龄、课程名、成绩、学分）；
- 但是，学分取决于课程名。

上面的决定关系还可以进一步拆分为如下两种决定关系：

- （学号）决定（姓名、年龄）；
- （课程名）决定（学分）。

所以这个关系表不满足第二范式。

表 1-3　不符合第二范式的学生选课信息表

学号	姓名	年龄	课程名	成绩	学分
180127	艾珊珊	19	数据库原理及应用	87	4
180133	肖梦仪	18	公共英语	79	2

　　上面的这种关系可以更改为表 1-4 至表 1-6。

表 1-4　学生信息表

学号	姓名	年龄
180127	艾珊珊	19
180133	肖梦仪	18

表 1-5　课程信息表

课程编号	课程名	学分
Z003	数据库原理及应用	4
J001	公共英语	2

表 1-6　选课信息表

学号	课程号	成绩
180127	Z003	87
180133	J001	79

3. 第三范式（3NF）

第三范式是在第二范式的基础上建立起来的，即要想满足第三范式，必先满足第二范式。第三范式要求关系表不存在非关键字对任意候选关键字列的传递函数依赖，即第三范式要求一个关系表中不包含已在其他关系表中包含的非主关键字信息。

所谓传递函数依赖，是指如果存在关键字段 A 决定非关键字段 B，而非关键字段 B 决定非关键字段 C，则称非关键字段 C 传递函数依赖于关键字段 A。

以表 1-7 所示的员工信息表（不符合第三范式）为例，该表中包含员工编号、员工姓名、年龄、部门编码、部门经理等信息。

表 1-7　员工信息表（不符合第三范式）

员工编号	员工姓名	年龄	部门编码	部门经理
0001	王旭	35	303	李亭
0005	孙威	27	264	张世杰

表 1-7 的关键字为"员工编号"，且存在如下决定关系：

（员工编号）决定（员工姓名、年龄、部门编码、部门经理）。

由上述决定关系可知，表 1-7 符合第二范式，但不符合第三范式。要想符合第三范式，表 1-7 须存在如下决定关系：

（员工编号）决定（部门编码）决定（部门经理）。

即存在非关键字段"部门经理"对关键字段"员工编号"的传递函数依赖。我们可用表 1-8 和表 1-9 来表示可使表 1-7 符合第三范式的决定关系。

表 1-8　员工信息表

员工编号	员工姓名	年龄	部门编码
0001	王旭	35	303
0005	孙威	27	264

表 1-9 部门信息表

部门编码	部门名称	部门经理
303	生产部	李亭
264	人事部	张世杰

本章小结

本章主要介绍数据库技术的一些基本概念和原理，重点涵盖数据管理技术的发展、数据库系统的组成、数据模型的概念、常见的数据模型、实体与关系、关系数据库的规范化等内容。

实训项目

一、实训目的

掌握实体、属性、关系的概念，以及 E-R 图的绘制方法。

二、实训内容

学校教务管理系统数据库需要记录学生信息，包括学号、姓名、班级、性别；需要记录教师信息，包括教师编号、教师姓名、性别、职称、教研室；需要记录课程信息，包括课程编号、课程名、学分；要记录哪位教师为哪个班上什么课；要记录学生上什么课，成绩多少。

根据教务管理系统的业务逻辑，绘制数据库 E-R 图。

1. 分析

教务管理系统数据库包含 4 个实体：学生、班级、教师、课程。一个班可以有多个学生，某个学生只能属于一个班，因此班级与学生的关系是一对多；学生和课程之间是选修的关系，一个学生可以选修多门课；一门课也可以有多个学生选修，所以是多对多的关系；教师、课程、班级之间是教学安排关系，一个教师可以给不同班上不同课，一个班可以由不同教师上不同课，一门课程可以由不同教师给不同班授课，因此它们之间是多对多的关系。

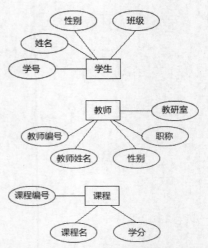

2. E-R 图绘制

首先，根据学生、教师、课程的属性，画出这 3 个实体的局部 E-R 图，如图 1-9 所示。

然后，根据它们之间的关系画出完整的教务管理系统 E-R 图，如图 1-10 所示。

图 1-9 学生、教师、课程的局部 E-R 图

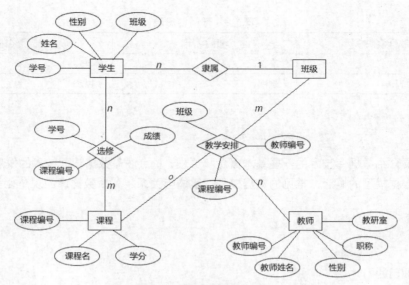

图 1-10　教务管理系统 E-R 图

思考与练习

1. 数据管理技术的发展经历了哪 3 个阶段?
2. 常用的数据库数据模型主要有哪几种?
3. 列举常用的关系型数据库系统。

MySQL

2 Chapter

第 2 章

MySQL 的安装与配置

学习目标：

- 掌握 MySQL 的安装与配置方法；
- 掌握启动、停止、连接、断开 MySQL 的方法；
- 掌握 MySQL 图形化管理工具的安装与使用。

2.1 下载和安装 MySQL

MySQL 与其他大型数据库（如 Oracle、DB2、SQL Server 等）相比，有不足之处，如规模小、功能有限等，但是这丝毫没有减少它受欢迎的程度。对于个人使用者和中小型企业来说，MySQL 提供的功能已足够了，而且由于 MySQL 是开放源代码软件，因此可以大大降低总体拥有成本。

目前 Internet 上流行的网站构架方式是 LAMP(Linux+Apache+ MySQL+PHP)，即使用 Linux 作为操作系统，Apache 作为 Web 服务器，MySQL 作为数据库，PHP 作为服务器端脚本解释器。由于这 4 个软件都是免费或开放源代码软件（Free/Libre and Open Source Software，FLOSS），因此使用这种方式不花一分钱（除人工成本）就可以建立起一个稳定、免费的网站系统。

2.1.1 MySQL 服务器的下载

MySQL 针对个人用户和商业用户提供不同版本的产品。MySQL Community Edition（社区版）是供个人用户免费下载的开源数据库，而对于商业客户，有标准版、企业版、集成版等多个版本可供选择，以满足特殊的商业和技术需求。

MySQL 是开源软件，个人用户可以登录其官方网站直接下载相应的版本。登录 MySQL Downloads 页面，将页面滚动到底部，如图 2-1 所示。

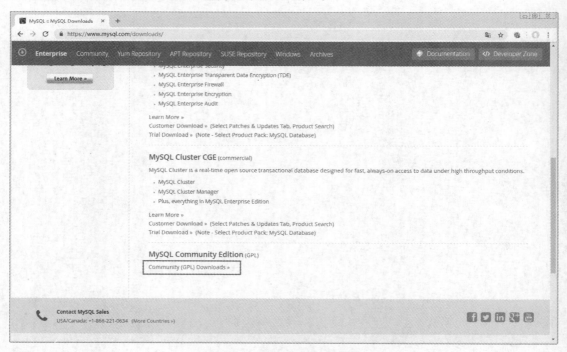

图 2-1　MySQL Downloads 页面

单击 Community (GPL) Downloads 超链接，进入 MySQL Community Downloads 页面，如图 2-2 所示。

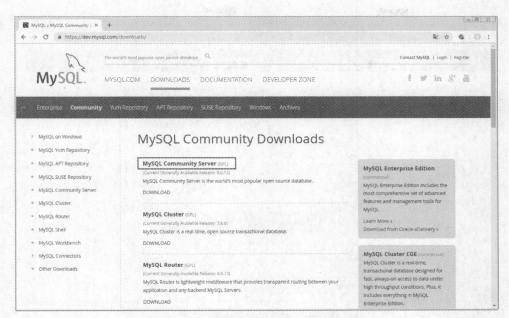

图 2-2　MySQL Community Downloads 页面

单击 MySQL Community Server〔GPL〕超链接，进入 Download MySQL Community Server 页面，将页面滚动到图 2-3 所示的位置。

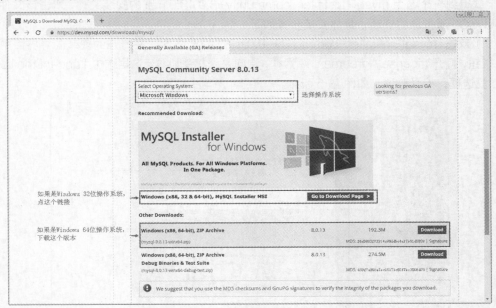

图 2-3　Download MySQL Community Server 页面

根据自己的操作系统选择合适的安装文件，这里以针对 Windows 32 位操作系统的 MySQL Server 为例介绍。

单击 Download 按钮，进入图 2-4 所示的 Begin Your Download 页面。

单击 No thanks, just start my download. 超链接，开始下载。

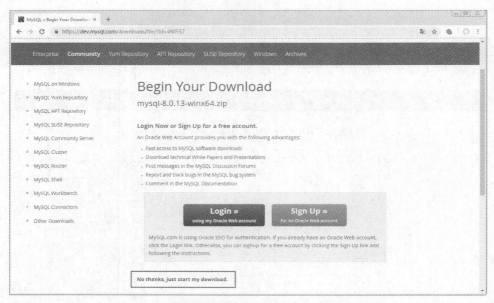

图 2-4　Begin Your Download 页面

2.1.2　MySQL 服务器的安装

下载得到一个名为 mysql-installer-community-8.0.13.0.msi 的安装文件，双击该文件可以进行 MySQL 服务器的安装，具体安装步骤如下。

（1）双击 mysql-installer-community-8.0.13.0.msi 文件，在打开的安装向导界面中单击 Next 按钮，打开 License Agreement 对话框，询问是否接受协议，这里选中 I accept the license terms 复选框，接受协议，如图 2-5 所示。

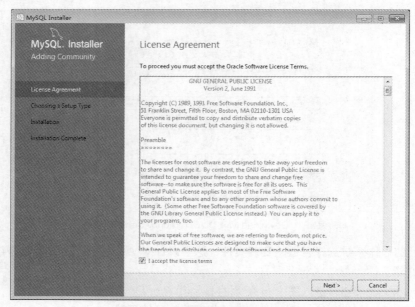

图 2-5　License Agreement 对话框

（2）单击 Next 按钮，打开 Choosing a Setup Type 对话框，该对话框中共包括开发者默认（Developer Default）、仅服务器（Server only）、仅客户端（Client only）、完全（Full）和自定义（Custom）5 种安装类型，这里选择 Server only，如图 2-6 所示。

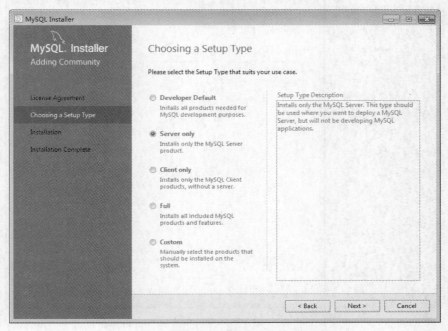

图 2-6　Choosing a Setup Type 对话框

（3）单击 Next 按钮，将打开图 2-7 所示的 Installation 对话框。

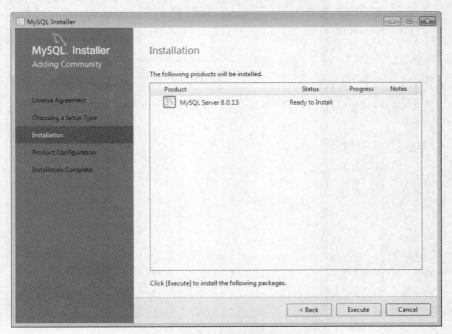

图 2-7　Installation 对话框

（4）单击 Execute 按钮，开始安装，并显示安装进度。安装完成后，将显示图 2-8 所示的对话框。

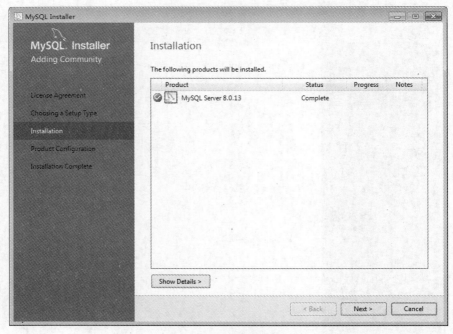

图 2-8　安装完成

（5）单击 Next 按钮，打开 Product Configuration 对话框，如图 2-9 所示。

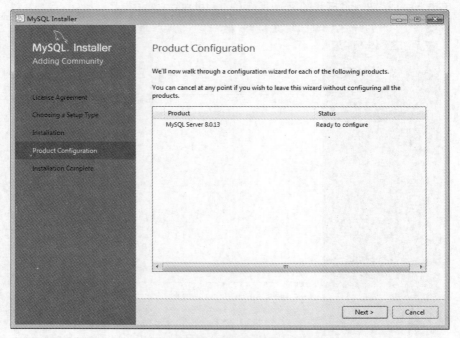

图 2-9　Product Configuration 对话框

（6）单击 Next 按钮，打开 Group Replication 对话框，如图 2-10 所示。

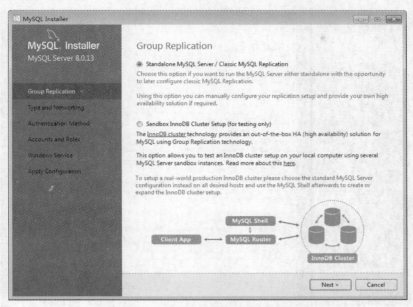

图 2-10　Group Replication 对话框

（7）单击 Next 按钮，打开 Type and Networking 对话框，该对话框中提供了开发者类型（Development Computer）、服务器类型（Server Computer）和致力于 MySQL 服务类型（Dedicated Computer）这几种类型，这里选择默认的 Development Computer，如图 2-11 所示。

MySQL 使用的默认端口是 3306，安装时可以修改为其他的端口（如 3307）。但是，一般情况下不要修改默认的端口号，除非 3306 端口已经被占用。

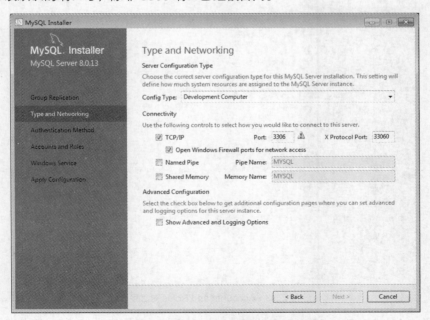

图 2-11　Type and Networking 对话框

（8）单击 Next 按钮，打开 Authentication Method 对话框，如图 2-12 所示。

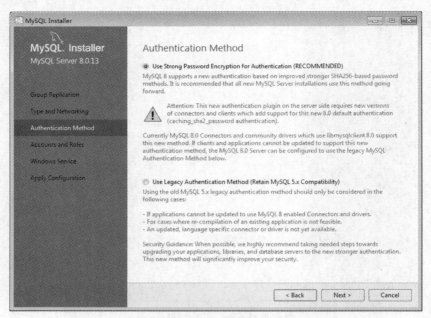

图 2-12　Authentication Method 对话框

（9）单击 Next 按钮，打开 Accounts and Roles 对话框，在这个对话框中可以设置 Root 用户的登录密码，也可以添加新用户，这里只设置 Root 用户的登录密码为 123456，其他采用默认值，如图 2-13 所示。

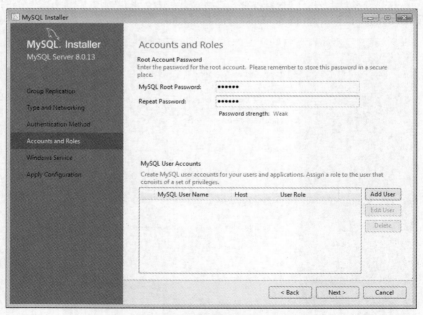

图 2-13　Accounts and Roles 对话框

（10）单击 Next 按钮，打开 Windows Service 对话框，开始配置 MySQL 服务器，这里采用默认设置，如图 2-14 所示。

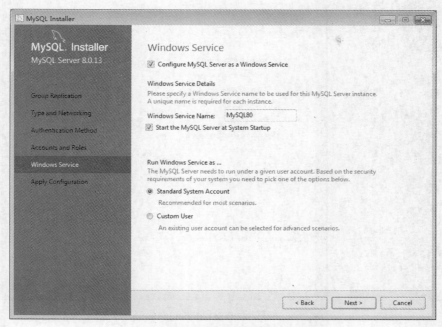

图 2-14　配置 MySQL 服务器

（11）单击 Next 按钮，进入 Apply Configuration 对话框，如图 2-15 所示。

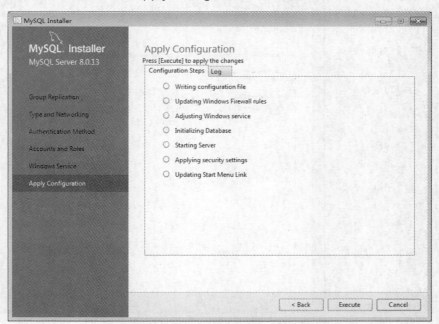

图 2-15　Apply Configuration 对话框

（12）单击 Execute 按钮，开始应用配置，并显示完成进度。全部完成后，将显示图 2-16 所示的对话框。

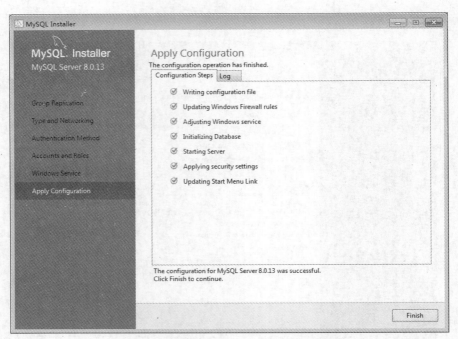

图 2-16　完成时的 Apply Configuration 对话框

（13）单击 Finish 按钮，打开 Product Configuration 对话框，如图 2-17 所示。

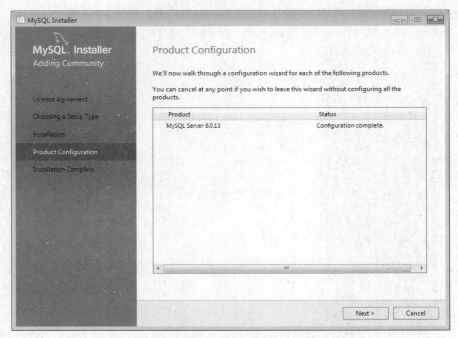

图 2-17　Product Configuration 对话框

（14）单击 Next 按钮，将显示图 2-18 所示的安装完成界面。单击 Finish 按钮，完成 MySQL 的安装。

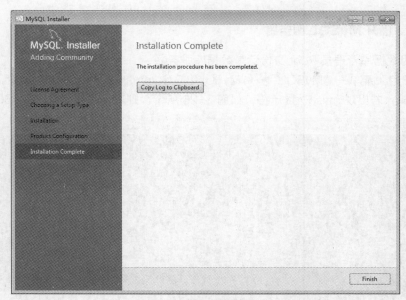

图 2-18　安装完成界面

2.2　MySQL 的常用操作

1. 启动、停止 MySQL 服务器

可以通过"开始"菜单—"控制面板"—"管理工具"—"服务"命令打开 Window 服务管理器。在服务管理器的列表中找到 MySQL 服务并右击，在弹出的快捷菜单中完成 MySQL 服务的各种操作（如启动、重新启动、停止、暂停和恢复等），如图 2-19 所示。

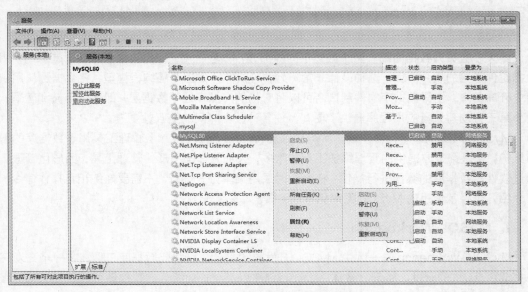

图 2-19　启动、停止 MySQL 服务器

2. 连接、断开 MySQL 服务器

（1）使用数据库管理员 Root 身份登录数据库服务器

通过"开始"菜单—"MySQL"—"MySQL 8.0 Command Line Client"命令，输入正确的 Root 用户密码，若出现 mysql>提示符，如图 2-20 所示，则表示正确登录了 MySQL 服务器。

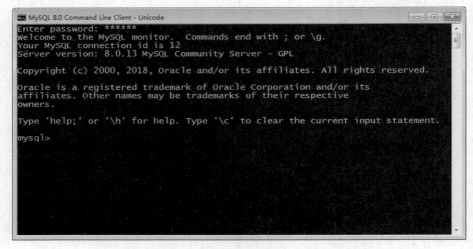

图 2-20　MySQL 数据库 Command Line Client 窗口

（2）断开服务器

成功连接服务器后，在 mysql>提示符后输入 quit（或\q），即

```
mysql> quit
```

按 Enter 键，Command Line Client 窗口关闭，即断开服务器。

2.3　MySQL 图形化管理工具

绝大多数关系数据库都有两个截然不同的部分：一是后端，作为数据仓库；二是前端，用于数据组件通信的用户界面。这种设计非常巧妙，可以并行处理两层编程模型，将数据层从用户界面中分离出来，使得数据库软件制造商可以将它们的产品专注于数据层，即数据存储和管理；同时为第三方创建大量应用程序提供了便利，使各种数据库间的交互性更强。

MySQL 只提供命令行客户端（MySQL Command Line Client）管理工具用于数据库的管理与维护，但是第三方提供的管理维护工具非常多，大部分都是图形化管理工具，图形化管理工具通过软件对数据库的数据进行操作，在操作时采用菜单方式进行，不需要熟练记忆操作命令。这里介绍几个经常使用的 MySQL 图形化管理工具。

1. MySQL Workbench

MySQL Workbench 是一款由 MySQL 开发的跨平台、可视化数据库工具，在一个开发环境中集成了 SQL 的开发、管理、数据库设计、创建以及维护功能。这款软件可以在 MySQL 服务器安装完之后用 MySQL Installer 安装。

打开 MySQL Installer，如图 2-21 所示。

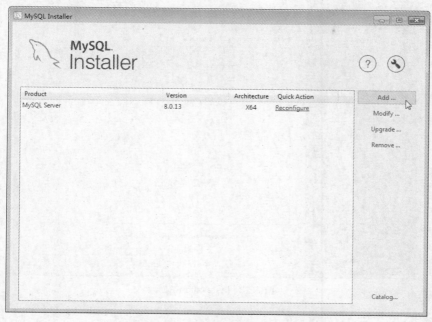

图 2-21　打开 MySQL Installer

单击 Add 按钮，打开 Select Products and Features 界面，如图 2-22 所示。

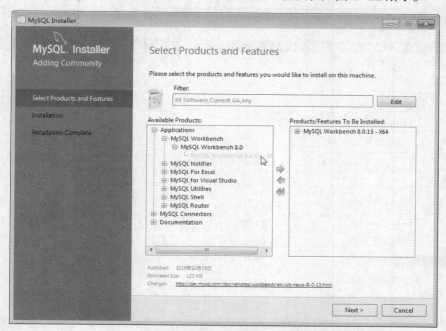

图 2-22　Select Products and Features 界面

在列表中选择 MySQL Workbench 8.0，单击 Next 按钮，进入 Installation 界面，如图 2-23
所示。

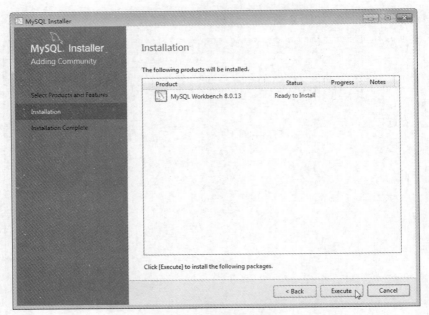

图 2-23 Installation 界面

单击 Execute 按钮，开始安装。

安装完成后即可使用。MySQL Workbench 的工作界面如图 2-24 所示。

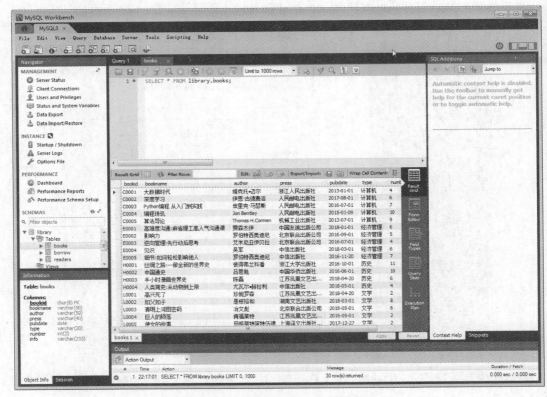

图 2-24 MySQL Workbench 的工作界面

2. Navicat for MySQL

Navicat for MySQL 是一款桌面版 MySQL 数据库管理和开发工具，和微软的 SQL Server 的管理器很像，易学易用，很受用户欢迎。Navicat for MySQL 是为 MySQL 量身定做的，它可以与 MySQL 服务器一起工作，使用了极好的图形用户界面（Graphical User Interface，GUI），并且支持 MySQL 大多数最新的功能，包括 Trigger、Stored Procedure、Function、Event、View 和 Manage User 等。它可以用一种安全和更容易的方式快速、容易地创建、组织、存取和共享信息，支持中文，有免费版本提供，但是仅适用于非商业活动。

本书将以 Navicat for MySQL 为例，介绍 MySQL 数据库管理工具的使用方法。Navicat for MySQL 图形化管理工具的界面如图 2-25 所示。

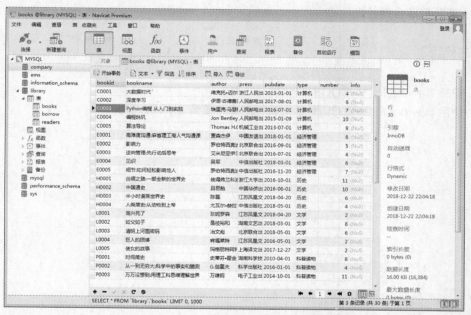

图 2-25　Navicat for MySQL 图形化管理工具的界面

本章小结

本章介绍了如何在 MySQL 官网下载 MySQL，对服务器进行安装与配置，启动、停止 MySQL 服务器，连接、断开 MySQL 服务器等常用操作，并介绍了两个 MySQL 图形化管理工具：一个是 MySQL Workbench；另一个是 Navicat。

实训项目

一、实训目的

掌握 MySQL 服务器的安装与配置、MySQL 图形化管理工具的安装，学会使用命令方式和图形管理工具连接和断开 MySQL 服务器的操作。

二、实训内容

1. 安装 MySQL 服务器

（1）登录 MySQL 官方网站，下载合适的版本，安装 MySQL 服务器。

（2）配置并测试安装的 MySQL 服务器。

2. 连接与断开 MySQL 服务器

（1）用 MySQL 提供的 Command Line Client 窗口连接到服务器。

（2）断开与服务器的连接。

思考与练习

1. 安装 Navicat for MySQL 图形化管理工具。
2. 使用 Navicat for MySQL 图形化管理工具连接到 MySQL 服务器。

MySQL

3 Chapter

第 3 章

数据库的基本操作

学习目标：

- 熟练掌握使用 CREATE DATABASE 语句创建数据库；
- 熟练掌握使用 SHOW DATABASES 语句查看数据库；
- 熟练掌握使用 USE 语句选择数据库；
- 熟练掌握使用 DROP DATABASE 语句删除数据库；
- 了解常见的存储引擎工作原理；
- 熟悉如何选择符合需求的存储引擎。

3.1 创建数据库

MySQL 安装好后，首先需要创建数据库，这是使用 MySQL 各种功能的前提。启动并连接 MySQL 服务器，即可对 MySQL 数据库进行操作。

在对数据进行任何其他操作之前，需要创建一个数据库。数据库是数据的容器，它可用于存储学生信息、教师信息、图书信息或任何想存储的数据。在 MySQL 中，数据库是用于存储和操作诸如表、数据库视图、触发器、存储过程等数据的对象的集合。

在 MySQL 中创建数据库的基本 SQL 语法格式如下。

```
CREATE DATABASE [IF NOT EXISTS] 数据库名;
```

参数说明如下：

- [IF NOT EXISTS]：可选子句，该子句可防止创建数据库服务器中已存在的新数据库的错误，即不能在 MySQL 服务器中创建具有相同名称的数据库。
- CREATE DATABASE：数据库名，必选项，即要创建的数据库名称。建议数据库名称尽可能有意义，并且具有一定的描述性。

创建数据库时，数据库命名的规则如下。

（1）不能与其他数据库重名，否则将发生错误。

（2）名称可以由任意字母、阿拉伯数字、下划线（_）和"$"组成，可以使用上述任意字符开头，但不能使用单独的数字，否则会造成它与数值相混淆。

（3）名称最长可为 64 个字符。

（4）不能使用 MySQL 关键字作为数据库名。

（5）默认情况下，Windows 下对数据库名的大小写不敏感；而在 Linux 下对数据库名的大小写是敏感的。为了使数据库在不同平台间进行移植，建议采用小写的数据库名。

【例 3-1】在 MySQL 中创建一个名称为 library 的数据库。

（1）直接使用 CREATE DATABASE 语句创建，代码如下。

```
CREATE DATABASE library;
```

运行结果如图 3-1 所示。

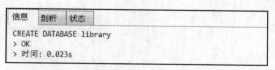

图 3-1 直接使用 CREATE DATABASE 语句创建 library 数据库

（2）使用含 IF NOT EXISTS 子句的 CREATE DATABASE 语句创建，代码如下。

```
CREATE DATABASE IF NOT EXISTS library;
```

运行结果如图 3-2 所示。

图 3-2 使用含 IF NOT EXISTS 子句的 CREATE DATABASE 语句创建 library 数据库

3.2　查看数据库

成功创建数据库后，可以使用 SHOW DATABASES 语句显示 MySQL 服务器中的所有数据库。其语法格式如下。

```
SHOW DATABASES;
```

【例 3-2】在 3.1 节中创建了数据库 library，现在使用命令查看 MySQL 服务器中的所有数据库。

使用 SHOW DATABASES 语句显示 MySQL 服务器中的所有数据库，代码如下。

```
SHOW DATABASES;
```

运行结果如图 3-3 所示。

信息	Result 1	剖析	状态
Database
▶ information_schema
library
mysql
performance_schema
sys

图 3-3　查看 MySQL 服务器中的所有数据库

可见，MySQL 数据库服务器中有 5 个数据库，其中 information_schema、mysql、performance_schema 和 sys 是安装 MySQL 时可用的默认数据库，而 library 是创建的新数据库。

3.3　选择数据库

上面虽然成功创建了数据库 library，但并不表示当前就可以使用数据库 library。在使用指定数据库之前，必须通过使用 USE 语句告诉 MySQL 要使用哪个数据库，使其成为当前默认数据库。其语法格式如下。

```
USE 数据库名;
```

【例 3-3】选择名称为 library 的数据库，设置其为当前默认的数据库。

使用 USE 语句选择数据库 library，代码如下。

```
USE library;
```

运行结果如图 3-4 所示。

信息	剖析	状态

```
USE library
> OK
> 时间: 0s
```

图 3-4　选择名称为 library 的数据库，设置其为当前默认的数据库

3.4 删除数据库

删除数据库是将已经存在的数据库从磁盘空间上清除，清除之后，数据库中的所有数据和关联对象将被永久删除，并且无法撤销。

因此，删除数据库应该谨慎使用，一旦执行该操作，就没有恢复的可能，除非数据库有备份。删除数据库可以使用 DROP DATABASE 语句。其语法格式如下。

```
DROP DATABASE [IF EXISTS] 数据库名;
```

参数说明如下：

- [IF EXISTS]：与 CREATE DATABASE 语句类似，IF EXISTS 是该语句的可选部分，以防止删除数据库服务器中不存在的数据库。

【例 3-4】删除名称为 library 的数据库。

（1）直接使用 DROP DATABASE 语句，代码如下。

```
DROP DATABASE library;
```

运行结果如图 3-5 所示。

图 3-5　直接使用 DROP DATABASE 语句删除 library 数据库

（2）使用含 IF EXISTS 子句的 DROP DATABASE 语句删除，代码如下。

```
DROP DATABASE IF EXISTS library;
```

运行结果如图 3-6 所示。

图 3-6　使用含 IF EXISTS 子句的 DROP DATABASE 语句删除 library 数据库

3.5 数据库存储引擎

3.5.1 MySQL 存储引擎

MySQL 中的数据用各种不同的技术存储在文件（或者内存）中，每种技术都使用不同的存储机制、索引技巧、锁定水平并且最终提供各不相同的功能。通过选择不同的技术，能够获得额外的速度或者功能，从而改善应用的整体性能。

这些不同的技术以及配套的相关功能在 MySQL 中被称作存储引擎（也称作表类型）。MySQL 提供了多个不同的存储引擎，包括处理事务安全表的引擎和处理非事务安全表的引擎。在 MySQL 中，不需要在整个服务器中使用同一种存储引擎，针对具体的要求，可以对每个表使用不同的存储引擎。MySQL 8.0 支持的存储引擎有 InnoDB、MyISAM、MEMORY、MERGE、ARCHIVE、FEDERATED、CSV、BLACKHOLE 等。可以使用以下语句查看系统支持的引擎类型，代码如下。

```
SHOW ENGINES;
```

运行结果如图 3-7 所示。

Engine	Support	Comment	Transactions	XA	Savepoints
MEMORY	YES	Hash based, stored in memory, useful for temporary tables	NO	NO	NO
MRG_MYISAM	YES	Collection of identical MyISAM tables	NO	NO	NO
CSV	YES	CSV storage engine	NO	NO	NO
FEDERATED	NO	Federated MySQL storage engine	(Null)	(Null)	(Null)
PERFORMANCE_SCHEMA	YES	Performance Schema	NO	NO	NO
MyISAM	YES	MyISAM storage engine	NO	NO	NO
InnoDB	DEFAULT	Supports transactions, row-level locking, and foreign keys	YES	YES	YES
BLACKHOLE	YES	/dev/null storage engine (anything you write to it disappears)	NO	NO	NO
ARCHIVE	YES	Archive storage engine	NO	NO	NO

图 3-7　系统支持的引擎类型

Support 列的值表示某种引擎是否能使用：YES 表示可以使用，NO 表示不能使用，DEFAULT 表示该引擎为当前默认存储引擎。

Transactions 列的值表示是否支持事务处理。XA 列的值表示是否支持分布式事务处理。Savepoints 列的值表示是否支持保存点功能，保存点仅在当前事务处理中起作用。

Comment 列的值是对该引擎的简单说明。

3.5.2　InnoDB 存储引擎

InnoDB 是事务型数据库的首选引擎，支持事务安全（ACID）特性，其他存储引擎都是非事务安全表，支持行锁定和外键，MySQL 5.5 以后默认使用 InnoDB 存储引擎，其主要特性有：

（1）InnoDB 为 MySQL 提供了具有提交、回滚和崩溃恢复能力的事务安全存储引擎。InnoDB 锁定在行级并且也在 SELECT 语句中提供了一个一致性非锁定读。这些功能增加了多用户部署和性能。在 SQL 查询中，可以自由地将 InnoDB 类型的表和其他 MySQL 类型的表混合起来，甚至在同一个查询中也可以混合。

（2）InnoDB 是为使 MySQL 在处理巨大数据量时具有最大性能而设计的。它的 CPU 效率可能是任何其他基于磁盘的关系型数据库引擎所不能匹敌的。

（3）InnoDB 存储引擎为在主内存中缓存数据和索引而维持它自己的缓冲池。InnoDB 将它的表和索引存放在一个逻辑表空间中，逻辑表空间可以包含多个文件（或原始磁盘文件）。这与 MyISAM 表不同，如在 MyISAM 表中每个表被存放在分离的文件中。InnoDB 表可以是任何尺寸，即使在文件尺寸被限制在容量为 2GB 的操作系统上。

（4）InnoDB 支持外键（FOREIGN KEY）完整性约束。存储表中的数据时，每张表的存储都按主键顺序存放，如果在表定义时没有指定主键，InnoDB 会为每一行生成一个 6B 的 ROWID，并以此作为主键。

（5）InnoDB 被用在众多需要高性能的大型数据库站点上。InnoDB 不创建目录，使用 InnoDB 存储引擎时，MySQL 将在数据目录下创建一个名为 ibdata1 的容量为 10MB 的自动扩展数据文件，以及两个名为 ib_logfile0 和 ib_logfile1 的容量为 5MB 的日志文件。

3.5.3　MyISAM 存储引擎

MyISAM 基于 ISAM 存储引擎，并对其进行扩展。它是在 Web、数据仓储和其他应用环境下最常使用的存储引擎之一。MyISAM 拥有较高的插入、查询速度，但不支持事务，不支持外键。在 MySQL 5.5 之前的版本中，MyISAM 是默认的存储引擎。MyISAM 的主要特性有：

（1）被大文件系统和操作系统支持。

（2）当混合使用删除、更新及插入操作时，动态尺寸的行产生更少的碎片。

（3）每个 MyISAM 表的最大索引数是 64，这可以通过重新编译改变。每个索引最大的列数是 16。

（4）最大的键长度是 1000B，这也可以通过编译改变，对于键长度超过 250B 的情况，一个超过 1024B 的键将被用上。

（5）BLOB 和 TEXT 列可以被索引。

（6）NULL 被允许出现在索引的列中，这个值占每个键的 0~1B。

（7）所有数字键值以高字节优先被存储，以允许一个更高的索引压缩。

（8）每个 MyISAM 类型的表都有一个 AUTOINCREMENT 的内部列，当执行 INSERT 和 UPDATE 操作的时候，该列被更新，同时 AUTOINCREMENT 列被刷新。所以，MyISAM 类型表的 AUTOINCREMENT 列更新比 InnoDB 类型的 AUTOINCREMENT 更快。

（9）数据文件和索引文件可以放置在不同的目录，平均分配 IO，以获取更快的速度。数据文件和索引文件的路径，需要在创建表的时候通过 DATA DIRECTORY 和 INDEX DIRECTORY 语句指定，文件路径需要使用绝对路径。

（10）每个字符列可以有不同的字符集。

（11）有 VARCHAR 的表可以固定或动态记录长度。

（12）VARCHAR 和 CHAR 列可以多达 64KB。

使用 MyISAM 引擎创建数据库，将产生 3 个文件。文件名为表名，不同类型的文件采用不同扩展名：frm 文件存储表定义、数据文件的扩展名为.MYD（ MYData ）、索引文件的扩展名为.MYI（ MYIndex ）。

MyISAM 的表支持 3 种不同的存储格式：静态（固定长度）表、动态表和压缩表。

（1）静态表是默认的存储格式。静态表中的字段都是非变长字段，这样，每个记录都是固定长度的，这种存储方式的优点是存储非常迅速，容易缓存，一旦出现故障，容易恢复；缺点是占用的空间通常比动态表多。静态表在数据存储时会根据列定义的宽度定义补足空格，但是在访问的时候并不会得到这些空格，这些空格在返回至应用之前已经被去掉。同时需要注意，在某些情况下可能需要返回字段后的空格，而使用这种格式时后面的空格会被自动处理掉。

（2）动态表包含变长字段，记录不是固定长度的，这样存储的优点是占用空间较少，但是频繁地更新、删除记录会产生碎片，故需要定期执行 OPTIMIZE TABLE 语句或使用 myisamchk –r

命令改善性能，一旦出现故障，恢复相对比较困难。

（3）压缩表由 myisamchk 工具创建，占据的空间非常小，因为每条记录都是被单独压缩的，所以访问开支非常少。

3.5.4 MEMORY 存储引擎

MEMORY 存储引擎将表中的数据存储到内存中，为查询和引用其他表数据提供快速访问。MEMORY 的主要特性有：

（1）每个 MEMORY 表可以有多达 32 个索引（每个索引 16 列）以及 500B 的最大键长度。

（2）在一个 MEMORY 表中可以有非唯一键值。

（3）存储在 MEMORY 数据表里的数据行使用的是固定长度的格式，因此处理速度快，但也意味着不能使用 BLOB 和 TEXT 这样的长度可变的数据类型。VARCHAR 是一种长度可变的类型，但因为它在 MySQL 内部当作长度固定不变的 CHAR 类型，所以可以使用。

（4）MEMORY 支持 AUTO_INCREMENT 列和对可包含 NULL 值的列的索引。

（5）MEMORY 表在所有客户端之间被共享（就像其他任何非 TEMPORARY 表）。

（6）MEMORY 表内容存储在内存中，它会作为动态查询队列创建内部暂时表的共享介质。

3.5.5 存储引擎的选择

在实际工作中，选择一个合适的存储引擎是一个比较复杂的问题。每种存储引擎都有自己的优缺点，不能笼统地说谁比谁好。通过以上介绍，下面总结了 InnoDB、MyISAM 和 MEMORY3 种存储引擎在主要性能上的对比，具体情况见表 3-1。

表 3-1　存储引擎的对比

性能	InnoDB	MyISAM	MEMORY
事务安全	支持	无	无
存储限制	64TB	有	有
空间使用	高	低	低
内存使用	高	低	高
插入数据的速度	低	高	高
对外键的支持	支持	无	无

InnoDB：支持事务处理，支持外键，支持崩溃修复能力和并发控制。如果对事务的完整性要求比较高（如银行），要求实现并发控制（如售票），那么选择 InnoDB 有很大优势。如果需要频繁地进行更新、删除操作，也可以选择 InnoDB，因为 InnoDB 支持事务的提交（commit）和回滚（rollback）。

MyISAM：插入数据的速度快，空间和内存使用比较低。如果表主要用于插入新记录和读出记录，那么选择 MyISAM 的处理效率较高。如果应用的完整性、并发性要求比较低，也可以使用 MyISAM。

MEMORY：所有的数据都在内存中，数据的处理速度快，但是安全性不高。如果需要很快的读写速度，且对数据的安全性要求较低，可以选择 MEMORY。它对表的大小有要求，不能建立太大的表。所以，这类数据库只使用相对较小的数据库表。

存储引擎要根据实际需求来灵活选择，一个数据库中多个表可以使用不同存储引擎以满足各种性能和实际需求。如果一个表要进行事务处理，可以选择 InnoDB 存储引擎；如果一个表对查询要求比较高，可以选择 MyISAM 存储引擎；如果该数据库需要一个用于查询的临时表，可以选择 MEMORY 存储引擎。使用合适的存储引擎将会提高整个数据库的性能。

本章小结

本章分别介绍了数据库的基本操作，包括数据库的创建、查看当前数据库、选择要使用的数据库和删除数据库。最后介绍了 MySQL 中主要的存储引擎，详细介绍了 InnoDB、MyISAM 和 MEMORY 3 种存储引擎的主要性能。存储引擎需要根据实际需求来灵活选择，以达到提高整个数据库性能的目的。

实训项目

一、实训目的

掌握对数据库进行创建、查看、选择和删除的 SQL 语句。

二、实训内容

1. 创建一个教务管理系统数据库 ems，代码如下。

```
CREATE DATABASE ems;
```

或

```
CREATE DATABASE IF NOT EXISTS ems;
```

结果如图 3-8 所示。

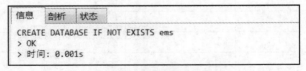

图 3-8 创建数据库 ems

2. 选择当前数据库为 ems，代码如下。

```
USE ems;
```

结果如图 3-9 所示。

图 3-9 选择当前数据库为 ems

3. 查看 MySQL 中的所有数据库，代码如下。

```
SHOW DATABASES;
```

结果如图 3-10 所示。

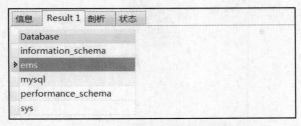

图 3-10 查看 MySQL 中的所有数据库

4. 删除教务管理系统数据库 ems，代码如下。

```
DROP DATABASE ems;
```

或

```
DROP DATABASE IF EXISTS ems;
```

结果如图 3-11 所示。

图 3-11 删除数据库 ems

思考与练习

1. 创建一个公司员工管理系统数据库 company。
2. 选择当前数据库为 company。
3. 查看 MySQL 中的所有数据库。
4. 删除公司员工管理系统数据库 company。
5. 根据分析得出公司员工管理系统数据库 company 各个表间需要有外键的支持，请为它推荐一个合适的存储引擎，以提高数据库的性能。

第 4 章

数据表的基本操作

学习目标：

- 熟悉 MySQL 支持的数据类型；
- 掌握如何选择合适的数据类型；
- 熟练掌握创建数据表的方法；
- 熟练掌握查看数据表结构的方法；
- 熟练掌握修改数据表的方法；
- 熟练掌握使用数据完整性约束的方法。

4.1　数据类型

与其他编程语言一样，MySQL 也有自己支持的数据类型。在 MySQL 中，每条数据都有其数据类型。MySQL 支持的数据类型主要有数字、日期和时间、字符串等。

4.1.1　数字

MySQL 支持所有标准 SQL 数值数据类型。数字总体可以分成整型和浮点型两类，详细内容见表 4-1 和表 4-2。

表 4-1　整型数据

数据类型	取值范围	说明	存储需求
TINYINT	有符号：–128 ~ 127 无符号：0 ~ 255	最小的整数	1B
SMALLINT	有符号：–32768 ~ 32767 无符号：0 ~ 65535	小型整数	2B
MEDIUMINT	有符号：–8388608 ~ 8388607 无符号：0 ~ 16777215	中型整数	3B
INT	有符号：–2147483648 ~ 2147483647 无符号：0 ~ 4294967295	标准整数	4B
BIGINT	有符号：–9233372036854775808 ~ 9233372036854775807 无符号：0 ~ 18446744073709551615	大整数	8B

表 4-2　浮点型数据

数据类型	取值范围	说明	存储需求
FLOAT	有符号：–3.402823466E+38 ~ –1.175494351E–38,0, 1.175494351E–38 ~ 3.402823466E+38 无符号：0, 1.175494351E–38 ~ 3.402823466E+38	单精度浮点数	4B
DOUBLE	有符号：–1.7976931348623157E+308 ~ –2.2250738585072014E–308,0,2.2250738585072014E–308 ~ 1.7976931348623157E+308 无符号：0, 2.2250738585072014E–308 ~ 1.7976931348623157E+308	双精度浮点数	8B
DECIMAL	可变	压缩的"严格"定点数	自定义长度

创建表时，选择数字类型应遵循以下原则：

（1）选择最小的可用类型，如果值永远不超过 127，则使用 TINYINT 比使用 INT 强；

（2）对于完全都是数字的，可以选择整型数据；

（3）浮点型数据用于可能具有小数部分的数，如货物单价、网上购物支付金额等。

4.1.2　日期和时间

MySQL 中表示时间值的日期和时间类型有 DATETIME、DATE、TIMESTAMP、TIME 和 YEAR。

每个时间类型都有一个有效值范围和一个"0"值，当指定 MySQL 不能表示的值时使用"0"值。日期和时间数据见表 4-3。

表 4-3 日期和时间数据

数据类型	大小	范围	格式	用途
DATE	3B	1000-01-01 ~ 9999-12-31	YYYY-MM-DD	日期值
TIME	3B	'-838:59:59' ~ '838:59:59'	HH:MM:SS	时间值或持续时间
YEAR	1B	1901 ~ 2155	YYYY	年份值
DATETIME	8B	1000-01-01 00:00:00 ~ 9999-12-31 23:59:59	YYYY-MM-DD HH:MM:SS	混合日期和时间值
TIMESTAMP	4B	1970-01-01 00:00:00~2038 结束时间是第 2147483647s, 北京时间 2038-1-19 11:14:07, 格林尼治时间 2038 年 1 月 19 日凌晨 03:14:07	YYYYMMDD HHMMSS	混合日期和时间值, 时间戳

4.1.3 字符串

字符串主要用来存储字符串数据，除此之外，还可以存储其他数据，如图片和声音的二进制数据。MySQL 支持两类字符串数据：文本字符串和二进制字符串。

MySQL 中，文本字符串有 CHAR、VARCHAR、TEXT、ENUM 和 SET。表 4-4 列出了 MySQL 中的文本字符串数据。

表 4-4 MySQL 中的文本字符串数据

数据类型	说明	存储需求
CHAR(M)	固定长度非二进制字符串	MB, $1 \leq M \leq 255$
VARCHAR(M)	可变长度非二进制字符串	$L+1B$, $L \leq M$ 且 $1 \leq M \leq 255$
TINYTEXT	非常小的非二进制字符串	$L+1B$, $L<2^8$
TEXT	小的非二进制字符串	$L+2B$, $L<2^{16}$
MEDIUMTEXT	中等大小的非二进制字符串	$L+3B$, $L<2^{24}$
LONGTEXT	大的非二进制字符串	$L+4B$, $L<2^{32}$
ENUM	枚举类型，只能有一个枚举字符串值	1B 或 2B, 取决于枚举值的数目（最大值为 65535）
SET	一个设置，字符串对象可以有零个或多个 SET 成员	1B, 2B, 3B, 4B 或 8B, 取决于集合成员的数量（最多 64 个成员）

CHAR(M)为固定长度的字符串，在定义时指定字符串的长度最大为 M 个字符个数。当保存时，MySQL 会自动在右侧填充空格，以达到其指定的长度。例如，CHAR(8)定义了一个固定长度的字符串列，字符个数最大为 8。当检索到 CHAR 值时，尾部的空格将被删除。

VARCHAR(M)为可变长度的字符串。VARCHAR 的最大实际长度 L 由最长行的大小和使用的字符集确定，其实际占用的存储空间为字符串实际长度 L 加 1。例如，VARCHAR(50)定义了一个最大长度为 50 的字符串列，如果写入的实际字符串只有 20 个字符，则其实际存储的字符串为 20 个字符和一个字符串结束字符。保存和检索 VARCHARR 的值时，其尾部的空格仍然保留。

CHAR 和 VARCHAR 类型类似，但它们保存和检索的方式不同。它们的最大长度和尾部空格是否被保留等也不同。在存储或检索过程中不进行大小写转换。

　　TEXT 类型用于保存非二进制字符串，如文章的内容、评论等信息。当保存或检索 TEXT 列的值时，不会删除尾部空格。TEXT 类型有 4 种：TINYTEXT、TEXT、MEDIUMTEXT 和 LONGTEXT。不同的 TEXT 类型的存储空间和数据长度都不同。

　　MySQL 中的二进制字符串数据类型有 BIT、BINARY、VARBINARY、TINYBLOB、BLOB、MEDIUMBLOB 和 LONGBLOB。表 4-5 列出了 MySQL 中的二进制字符串数据。

表 4-5　MySQL 中的二进制字符串数据

数据类型	说明	存储需求
BIT(M)	位字段类型	大约$(M+7)/8$ 个字节
BINARY(M)	固定长度二进制字符串	M 个字节
VARBINARY(M)	可变长度二进制字符串	$M+1$ 个字节
TINYBLOB(M)	非常小的 BLOB	$L+1$ 字节，$L<2^8$
BLOB(M)	小 BLOB	$L+2$ 字节，$L<2^{16}$
MEDIUMBLOB(M)	中等大小的 BLOB	$L+3$ 字节，$L<2^{24}$
LONGBLOB(M)	非常大的 BLOB	$L+4$ 字节，$L<2^{32}$

　　BINARY 和 VARBINARY 类似于 CHAR 和 VARCHAR，不同的是，它们包含二进制字符串，而不要非二进制字符串。也就是说，它们包含字节字符串，而不是字符字符串。这说明它们没有字符集，并且排序和比较基于列值字节的数值。

　　BLOB 是一个二进制大对象，可以容纳可变数量的数据。有 4 种 BLOB 类型：TINYBLOB、BLOB、MEDIUMBLOB 和 LONGBLOB。它们的区别是可容纳的存储范围不同。

　　创建表时，使用字符串类型时应遵循以下原则。

　　（1）从速度方面考虑，要选择固定的列，可以使用 CHAR 类型。

　　（2）要节省空间，使用动态的列，可以使用 VARCHAR 类型。

　　（3）要将列中的内容限制为一种选择，可以使用 ENUM 类型。

　　（4）允许在一列中有多个条目，可以使用 SET 类型。

　　（5）如果要搜索的内容不区分大小写，可以使用 TEXT 类型。

　　（6）如果要搜索的内容区分大小写，可以使用 BLOB 类型。

4.2　创建数据表

　　创建完数据库并熟悉了 MySQL 支持的数据类型后，接下来的工作是创建数据表。创建数据表其实就是在已经创建好的数据库中建立新表。

　　数据表属于数据库，在创建数据表之前，应该使用语句"USE <数据库名>"指定操作是在哪个数据库中进行。如果没有选择数据库，MySQL 会抛出 No database selected 的错误提示。

　　创建数据表的语句为 CREATE TABLE，语法规则如下。

```
CREATE TABLE 数据表名
(
字段名1    数据类型    ［列级约束条件］    ［默认值］，
```

```
字段名 2    数据类型    [列级约束条件]    [默认值],
……
[表级约束条件]
);
```

使用 CREATE TABLE 创建表时，必须指定以下信息：

（1）数据表名不区分大小写，且不能使用 SQL 中的关键字，如 DROP、INSERT 等。

（2）如果数据表中有多个字段（列），字段（列）的名称和数据类型要用英文逗号隔开。

【例 4-1】在 library 数据库中创建图书表 books，其结构见表 4-6。

表 4-6　books 表结构

字段名称	数据类型	备注
bookid	char(6)	图书编号
bookname	varchar(50)	书名
author	varchar(50)	作者
press	varchar(40)	出版社
pubdate	date	出版日期
type	varchar(20)	类型
number	int(2)	在库数量
info	varchar(255)	简介

首先创建数据库，SQL 语句如下。

```
CREATE DATABASE IF NOT EXISTS library;
```

然后使用 library 数据库，SQL 语句如下。

```
USE library;
```

接下来创建 books 表，SQL 语句为：

```
CREATE TABLE books
(
  bookid char(6),
  bookname varchar(50),
  author varchar(50),
  press varchar(40),
  pubdate date,
  type varchar(20),
  number int(2),
  info varchar(255)
);
```

执行语句后，便创建了一个名称为 books 的数据表，使用 SHOW TABLES 语句查看数据表是否创建成功，SQL 语句如下。

```
SHOW TABLES;
```

运行结果如图 4-1 所示。

图 4-1　使用 SHOW TABLES 语句查看数据表

从图 4-1 中可以看到，library 数据库中已经有了数据表 books，这表明数据表创建成功。

4.3　查看表结构

使用 SQL 语句创建好数据表之后，可以查看表结构的定义，以确认表的定义是否正确。在 MySQL 中，查看表结构可以使用 DESCRIBE（可简写为 DESC）和 SHOW CREATE TABLE 语句。下面将针对这两个语句进行详细的介绍。

4.3.1　查看表基本结构语句

DESCRIBE/DESC 语句可以查看表的字段信息，其中包括字段名、字段数据类型、是否为主键、是否有默认值等。语法规则如下。

```
DESCRIBE 表名;
```

或者简写为：

```
DESC 表名;
```

【例 4-2】查看表 books 的基本结构。

查看表 books 的基本结构，使用 DESCRIBE 的 SQL 语句如下。

```
DESCRIBE books;
```

或者使用 DESC 语句：

```
DESC books;
```

运行结果如图 4-2 所示。

Field	Type	Null	Key	Default	Extra
bookid	char(6)	YES		(Null)	
bookname	varchar(50)	YES		(Null)	
author	varchar(50)	YES		(Null)	
press	varchar(40)	YES		(Null)	
pubdate	date	YES		(Null)	
type	varchar(20)	YES		(Null)	
number	int(2)	YES		(Null)	
info	varchar(255)	YES		(Null)	

图 4-2　查看表 books 的基本结构

表 4-2 中各个字段的含义如下。

● Null：表示该列是否可以存储 Null 值。

● Key：表示该列是否已编制索引，PRI 表示 该列是表主键的一部分；UNI 表示该列是 UNIQUE 索引的一部分；MUL 表示在列中某个给定值允许出现多次。

- Default：表示该列是否有默认值，如果有，值是多少。
- Extra：表示可以获取的与该列有关的附加信息，如 AUTO_INCREMENT 等。

4.3.2 查看表详细结构语句

SHOW CREATE TABLE 语句可以用来显示创建表时的 CREATE TABLE 语句，其语法格式如下。

```
SHOW CREATE TABLE 表名;
```

【例 4-3】查看表 books 的详细结构。

查看表 books 的详细结构，SQL 语句如下。

```
SHOW CREATE TABLE books;
```

运行结果如图 4-3 所示。

图 4-3 查看表 books 的详细结构

4.4 修改数据表

修改表指修改数据库中已经存在的数据表结构。MySQL 使用 ALTER TABLE 语句修改表。常用的修改表的操作有：修改表名、修改字段的数据类型、修改字段名、添加字段、删除字段、修改字段的排列位置等。下面对这些操作进行详细介绍。

4.4.1 修改表名

MySQL 可以通过 ALTER TABLE 语句实现对表名的修改，具体的语法规则如下。

```
ALTER TABLE 原表名 RENAME [TO] 新表名;
```

其中，TO 为可选参数，使用与否都不影响运行结果。

【例 4-4】将数据表 books 改名为 tb_books。

执行修改表名操作之前，先使用 SHOW TABLES 查看数据库中的所有表，SQL 语句如下。

```
SHOW TABLES;
```

运行结果如图 4-4 所示。

图 4-4 执行修改表名前查看所有表结果

使用 ALTER TABLE 将表名 books 改名为 tb_books，SQL 语句如下。

```
ALTER TABLE books RENAME tb_books;
```

执行语句后，为检验表 books 是否改名成功，再次使用 SHOW TABLES 查看数据库中的所有表，结果如图 4-5 所示。

经过比较可以发现，数据表 books 已经被成功改名为 tb_books。

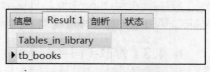

图 4-5　执行修改表名后查看所有表结果

4.4.2　修改字段的数据类型

修改字段的数据类型就是把字段的数据类型转换成另一种数据类型。修改字段数据类型的语法规则如下。

```
ALTER TABLE 表名 MODIFY 字段名 数据类型;
```

其中，"表名"指要修改数据类型的字段所在表的名称，"字段名"指要修改的字段，"数据类型"指修改后字段的新数据类型。

【例 4-5】将数据表 books 中 bookname 字段的数据类型由 VARCHAR(50)修改成 VARCHAR(100)。

修改前，使用 DESC 查看 books 的表结构，运行结果如图 4-6 所示。

Field	Type	Null	Key	Default	Extra
bookid	char(6)	YES		(Null)	
bookname	varchar(50)	YES		(Null)	
author	varchar(50)	YES		(Null)	
press	varchar(40)	YES		(Null)	
pubdate	date	YES		(Null)	
type	varchar(20)	YES		(Null)	
number	int(2)	YES		(Null)	
info	varchar(255)	YES		(Null)	

图 4-6　执行修改字段数据类型前查看表结构

可以看到，现在 bookname 字段的数据类型为 VARCHAR(50)，下面修改其数据类型，SQL 语句如下。

```
ALTER TABLE books MODIFY bookname VARCHAR(100);
```

执行完成后再次使用 DESC 查看表，结果如图 4-7 所示。

Field	Type	Null	Key	Default	Extra
bookid	char(6)	YES		(Null)	
bookname	varchar(100)	YES		(Null)	
author	varchar(50)	YES		(Null)	
press	varchar(40)	YES		(Null)	
pubdate	date	YES		(Null)	
type	varchar(20)	YES		(Null)	
number	int(2)	YES		(Null)	
info	varchar(255)	YES		(Null)	

图 4-7　执行修改字段数据类型后查看表结构

对比图 4-6 和图 4-7，可以发现表 books 中 bookname 字段的数据类型已经被修改成了 VARCHAR(100)，即修改成功。

4.4.3　修改字段名

修改字段名的语法规则如下。

```
ALTER TABLE 表名 CHANGE 原字段名 新字段名 新数据类型;
```

其中，原字段名指修改前的字段名；新字段名指修改后的字段名；新数据类型指修改后的数据类型，如果不需要修改字段的数据类型，则可将新数据类型设置成与原来的一样即可，但是新数据类型不能为空。

【例 4-6】将数据表 books 中 author 字段的名称改为 bookauthor，数据类型保持不变。

将数据表 books 中 author 字段的名称改为 bookauthor 的 SQL 语句如下。

```
ALTER TABLE books CHANGE author bookauthor VARCHAR(50);
```

执行后，使用 DESC 查看表 books，会发现字段的名称已经修改成功，运行结果如图 4-8 所示。

Field	Type	Null	Key	Default	Extra
bookid	char(6)	YES		(Null)	
bookname	varchar(100)	YES		(Null)	
bookauthor	varchar(50)	YES		(Null)	
press	varchar(40)	YES		(Null)	
pubdate	date	YES		(Null)	
type	varchar(20)	YES		(Null)	
number	int(2)	YES		(Null)	
info	varchar(255)	YES		(Null)	

图 4-8　执行修改字段名后查看表结构

CHANGE 也可以只修改数据类型，实现和 MODIFY 同样的效果，方法是：将 SQL 语句中的原字段名和新字段名设置为相同，只改变数据类型。此处不再举例，读者可以自行练习。

由于不同类型的数据在机器中存储的方式及长度并不相同，修改数据类型可能会影响数据表中已有的数据记录。因此，当数据库表中已经有数据时，不要轻易修改数据类型。

4.4.4　添加字段

为了适应业务变化的需求，可能要在已存在的表中添加新字段。添加字段的语法规则如下：

```
ALTER TABLE 表名 ADD 新字段名 数据类型
[约束条件] [FIRST | AFTER 已存在字段名];
```

FIRST 或 AFTER 已存在字段名都用于指定新增字段在表中的位置，为可选参数。其中 FIRST 表示将新添加的字段设置为表的第一个字段，AFTER 已存在字段名表示将新添加的字段添加到指定的"已存在字段名"后面。如果 SQL 语句中没有这两个参数，则默认将新添加的字段设置为数据表的最后列。

下面仅以在表的指定列之后添加一个字段为例进行介绍。如何在表的第一列添加字段和如何在不指定位置添加字段，请读者思考后自行练习。

【例 4-7】在数据表 books 中的 press 字段后添加一个 INT 类型的字段 column1。

其 SQL 语句如下。

```
ALTER TABLE books ADD column1 INT AFTER press;
```

执行后，使用 DESC 查看表 books，会发现字段 cloumn1 已经添加成功，运行结果如图 4-9 所示。

Field	Type	Null	Key	Default	Extra
▶ bookid	char(6)	YES		(Null)	
bookname	varchar(100)	YES		(Null)	
bookauthor	varchar(50)	YES		(Null)	
press	varchar(40)	YES		(Null)	
column1	int(11)	YES		(Null)	
pubdate	date	YES		(Null)	
type	varchar(20)	YES		(Null)	
number	int(2)	YES		(Null)	
info	varchar(255)	YES		(Null)	

图 4-9　执行添加字段后查看所有表结果

4.4.5　删除字段

删除字段是将指定的某个字段从数据表中删除，其语法格式如下所示。

```
ALTER TABLE 表名 DROP 字段名;
```

【例 4-8】将字段 column1 从数据表 books 中删除。

其 SQL 语句如下。

```
ALTER TABLE books DROP column1;
```

执行后，使用 DESC 查看表 books，会发现字段 column1 已经删除成功，运行结果如图 4-10 所示。

Field	Type	Null	Key	Default	Extra
▶ bookid	char(6)	YES		(Null)	
bookname	varchar(100)	YES		(Null)	
bookauthor	varchar(50)	YES		(Null)	
press	varchar(40)	YES		(Null)	
pubdate	date	YES		(Null)	
type	varchar(20)	YES		(Null)	
number	int(2)	YES		(Null)	
info	varchar(255)	YES		(Null)	

图 4-10　执行删除字段后查看所有表结果

4.4.6　修改字段的排列位置

在创建一个数据表的时候，字段的排列位置就已经确定了，但这个位置并不是不能改变的，可以使用 ALTER TABLE 改变指定字段的位置，其语法格式如下所示。

```
ALTER TABLE 表名 MODIFY 字段 1 数据类型 FIRST | AFTER 字段 2;
```

参数说明：

- 字段 1 是指要修改排列位置的字段。
- 数据类型是指字段 1 的数据类型。
- FIRST 指将字段 1 改为数据表的第一个字段；AFTER 字段 2 指将字段 1 插入到字段 2 的后面。

【例 4-9】将数据表 books 中的 press 字段修改为表的第一个字段。

其 SQL 语句如下。

```
ALTER TABLE books MODIFY press VARCHAR(40) FIRST;
```

执行后，使用 DESC 查看表 books，会发现字段 press 已经是表的第一个字段，运行结果如图 4-11 所示。

信息	Result 1	剖析	状态			
Field	Type	Null	Key	Default	Extra
▶ press	varchar(40)	YES		(Null)	
bookid	char(6)	YES		(Null)	
bookname	varchar(100)	YES		(Null)	
bookauthor	varchar(50)	YES		(Null)	
pubdate	date	YES		(Null)	
type	varchar(20)	YES		(Null)	
number	int(2)	YES		(Null)	
info	varchar(255)	YES		(Null)	

图 4-11 执行修改 press 字段为第一个字段后查看所有表结果

【例 4-10】将数据表 books 中的 press 字段移动到 bookauthor 字段的后面。

其 SQL 语句如下。

```
ALTER TABLE books MODIFY press VARCHAR(40) AFTER bookauthor;
```

执行后，使用 DESC 查看表 books，会发现字段 press 已经移动到 bookauthor 字段后，运行结果如图 4-12 所示。

信息	Result 1	剖析	状态			
Field	Type	Null	Key	Default	Extra
▶ bookid	char(6)	YES		(Null)	
bookname	varchar(100)	YES		(Null)	
bookauthor	varchar(50)	YES		(Null)	
press	varchar(40)	YES		(Null)	
pubdate	date	YES		(Null)	
type	varchar(20)	YES		(Null)	
number	int(2)	YES		(Null)	
info	varchar(255)	YES		(Null)	

图 4-12 执行移动 press 字段后查看所有表结果

4.5 数据完整性约束

约束用来确保数据的准确性和一致性。数据的完整性就是对数据的准确性和一致性的一种保证。下面从主键约束、唯一约束、非空约束、默认约束、字段值自动增加和外键约束 6 个方面入手详细介绍数据完整性约束。

4.5.1 主键约束

主键又称主码，是表中一列或多列的组合。主键约束（Primary Key Constraint）要求主键列的数据唯一且不允许为空。主键能够唯一标识表的一条记录。主键和记录之间的关系如同身份证和人之间的关系，它们之间是一一对应的。主键分为两种类型：单字段主键和多字段联合主键。

1. 单字段主键

单字段主键仅由一个字段组成。SQL 语句格式分为以下两种情况。

（1）在定义字段（列）的同时指定主键，语法规则如下。

```
字段名 数据类型 PRIMARY KEY [默认值]
```

【例 4-11】定义图书表 books2，其主键为 bookid，SQL 语句如下。

```
CREATE TABLE books2
(
  bookid char(6) PRIMARY KEY,
  bookname varchar(50),
  author varchar(50),
  press varchar(40),
  pubdate date,
  type varchar(20),
  number int(2),
  info varchar(255)
);
```

（2）在定义完所有列之后指定主键，语句规则如下。

```
[CONSTRAINT 约束名] PRIMARY KEY (字段名)
```

【例 4-12】定义图书表 books3，其主键为 bookid，SQL 语句如下。

```
CREATE TABLE books3
(
  bookid char(6),
  bookname varchar(50),
  author varchar(50),
  press varchar(40),
  pubdate date,
  type varchar(20),
  number int(2),
```

```
  info varchar(255),
  PRIMARY KEY (bookid)
);
```

以上两个例子执行后的结果一样，都会在 bookid 字段上设置主键约束。

2. 多字段联合主键

主键由多个字段联合组成，其语句规则如下。

```
PRIMARY KEY (字段 1，字段 2，…，字段 n)
```

【例 4-13】定义图书表 books4，假设表中没有主键 bookid，为了唯一确定一本书，可以把 bookname 和 author 联合起来作为主键，SQL 语句如下。

```
CREATE TABLE books4
(
  bookname varchar(50),
  author varchar(50),
  press varchar(40),
  pubdate date,
  type varchar(20),
  number int(2),
  info varchar(255),
  PRIMARY KEY (bookname,author)
);
```

执行语句后，便创建了一个名为 books4 的数据表，bookname 字段和 author 字段组合在一起成为 books4 的多字段联合主键。

4.5.2 唯一约束

唯一约束（Unique Constraint）要求该列唯一，允许为空，但只能出现一个空值。唯一约束可以确保一列或者几列不出现重复值。唯一约束的语法同单主键的语法规则一样有两种，具体介绍如下。

（1）在定义完一个字段之后直接指定唯一约束，其语法规则如下。

```
字段名 数据类型 UNIQUE
```

【例 4-14】定义图书表 books5，指定图书的书名唯一，SQL 语句如下。

```
CREATE TABLE books5
(
  bookid char(6) PRIMARY KEY,
  bookname varchar(50) UNIQUE,
  author varchar(50),
  press varchar(40),
  pubdate date,
  type varchar(20),
  number int(2),
  info varchar(255)
```

```
);
```

（2）在定义完所有字段之后指定唯一约束，其语法规则如下。

```
[CONSTRAINT 约束名] UNIQUE (字段名)
```

【例 4-15】定义图书表 books6，指定图书的书名唯一，SQL 语句如下。

```
CREATE TABLE books6
(
  bookid char(6) PRIMARY KEY,
  bookname varchar(50),
  author varchar(50),
  press varchar(40),
  pubdate date,
  type varchar(20),
  number int(2),
  info varchar(255),
  CONSTRAINT SBN UNIQUE(bookname)
);
```

UNIQUE 和 PRIMARY KEY 的区别：一个表可以有多个字段声明为 UNIQUE，但只能有一个 PRIMARY KEY 声明；声明为 PRIMARY KEY 的列不允许有空值（NULL），但是声明为 UNIQUE 的字段允许空值存在。

4.5.3 非空约束

非空约束（Not Null Constraint）指字段的值不能为空。对于使用了非空约束的字段，如果用户在添加数据时没有指定值，数据库系统会报错。非空约束的语法规则如下。

```
字段名 数据类型 not null
```

【例 4-16】定义图书表 books7，指定图书的书名不为空，SQL 语句如下。

```
CREATE TABLE books7
(
  bookid char(6) PRIMARY KEY,
  bookname varchar(50) not null,
  author varchar(50),
  press varchar(40),
  pubdate date,
  type varchar(20),
  number int(2),
  info varchar(255)
);
```

执行语句后，在 books7 中创建了一个 bookname 字段，其插入值不能为空（not null）。

4.5.4 默认约束

默认约束（Default Constraint）用于指定某一字段的默认值。如男性同学较多，性别就可以默认为‘男’。如果插入一条新的记录时没有为这个字段赋值，那么系统会自动为这个字段赋值为'男'。默认约束的语法规则如下。

字段名 数据类型 DEFAULT 默认值

【例 4-17】定义图书表 books8，指定图书的在库数量默认为 1，SQL 语句如下。

```
CREATE TABLE books8
(
  bookid char(6) PRIMARY KEY,
  bookname varchar(50),
  author varchar(50),
  press varchar(40),
  pubdate date,
  type varchar(20),
  number int(2) DEFAULT 1,
  info varchar(255)
);
```

执行语句后，表 books8 上的字段 number 拥有了一个默认的值 1，如果新插入的记录没有指定在库数量，则默认都为 1。

4.5.5 字段值自动增加

在数据库应用中，经常希望在每次插入新记录时，系统自动生成字段的主键值，这可以通过为表主键添加 AUTO_INCREMENT 关键字来实现。默认 MySQL 中 AUTO_INCREMENT 的初始值是 1，每新增一条记录，字段值自动加 1。一个表只能有一个字段使用 AUTO_INCREMENT 约束，且该字段必须为主键的一部分。AUTO_INCREMENT 约束的字段可以是任何整数类型（如 TINYINT、SMALLINT、INT、BIGINT 等）。设置表的属性值自动增加的语法规则如下。

字段名 数据类型 AUTO_INCREMENT

【例 4-18】定义图书表 books9，指定图书的编号自动递增，SQL 语句如下。

```
CREATE TABLE books9
(
  bookid INT(11) PRIMARY KEY AUTO_INCREMENT,
  bookname varchar(50),
  author varchar(50),
  press varchar(40),
  pubdate date,
  type varchar(20),
  number int(2),
  info varchar(255)
);
```

上述语句执行后，会创建名称为 books9 的数据表。表 books9 的 bookid 字段的值在添加记录时会自动增加，插入记录时，默认自增字段 bookid 的值将从 1 开始，每次添加一条新记录，该值会自动加 1。

例如，执行以下插入语句：

```
INSERT INTO books9(bookname,author,press,pubdate,type,number,info)
VALUES
('大数据时代', '维克托·迈尔', '浙江人民出版社', '2013-01-01', '计算机', 4, NULL),
('深度学习', '伊恩·古德费洛', '人民邮电出版社', '2017-08-01', '计算机', 6, NULL),
('编程珠玑', 'Jon Bentley', '人民邮电出版社', '2015-01-09', '计算机', 10, NULL);
```

执行语句后，books9 表中增加了 3 条记录，这里并没有输入 bookid 的值，但系统自动添加了该值，直接打开 books9 可以查看其记录，具体如图 4-13 所示。

图 4-13　使用 SHOW TABLES 语句查看数据表

4.5.6　外键约束

外键用来在两个表的数据之间建立链接，它可以是一列或者多列。一个表可以有一个或多个外键。外键对应的是参照完整性，一个表的外键可以为空值，若不为空值，则每个外键值必须等于另一个表中主键的某个值。外键是表中的一个字段，它可以不是本表的主键，但必定是对应另一个表的主键。外键的主要作用是保证数据引用的完整性，定义外键后，不允许删除另一个表中具有关联关系的记录。外键的作用是保持数据的一致性和完整性。例如，图书表 books 的主键是 bookid，借书表 borrow 中有一个键 borrowbookid 与 books 的 bookid 关联。

主表（父表）：对于两个具有关联关系的表而言，相关联字段中主键所在的表即主表。

从表（子表）：对于两个具有关联关系的表而言，相关联字段中外键所在的表即从表。对于两个具有关联关系的表，关联字段的数据类型必须匹配。

创建外键的语法规则如下。

```
[CONSTRAINT 外键名] FOREIGN KEY(字段名 1 [ ,字段名 2, … ])
REFERENCES 主表名(主键列 1 [ ,主键列 2, … ])
```

"外键名"为定义的外键约束名称，一个表中不能有相同名称的外键；"字段名"表示子表需要添加外键约束的字段列；"主表名"即子表外键依赖的表的名称；"主键列"表示主表中定义的主键列或者列组合。

【例 4-19】定义借书表 borrow，其表结构见表 4-7；在 borrow 表上创建外键约束，其中图书表 books 为主表，borrow 表为从表。

表 4-7　borrow 表结构

字段名称	数据类型	备注
borrowid	char(6)	借书记录号
borrowbookid	char(6)	图书编号
borrowreaderid	char(6)	借书证号
borrowdate	date	借阅时间
borrownum	int(2)	借阅册数

定义数据表 borrow，让它的键 borrowbookid 作为外键关联到 books 的主键 bookid，SQL 语句如下。

```
CREATE TABLE borrow
(
  borrowid char(6) PRIMARY KEY,
  borrowbookid char(6),
  borrowreaderid char(6),
  borrowdate datetime,
  num int(2),
CONSTRAINT fk_bks_brw1 FOREIGN KEY(borrowbookid) REFERENCES books(bookid)
) ENGINE=InnoDB;
```

执行以上语句后，在表 borrow 上添加了名称为 fk_bks_brw1 的外键约束，外键字段为 borrowbookid，其依赖于表 books 的主键 bookid。

特别说明：MySQL 有多种存储引擎类型，但目前只有 InnoDB 存储引擎类型支持外键约束。因此，创建表的时候需要在最后添加 ENGINE=InnoDB，以表示该表使用的存储引擎为 InnoDB，否则使用默认存储引擎 MyISAM。在使用外键约束的时候，需要关联的两张表必须都使用 InnoDB 存储引擎，因此，要想让例 4-18 成功使用外键约束，在创建表 books 的时候也需要指定其存储引擎类型为 InnoDB。

本章小结

本章分别介绍了 MySQL 支持的数据类型、数据表的基本操作及数据完整性约束。在介绍 MySQL 支持的数据类型时，通过讲解常见的数据类型及其特点帮助读者选择合适的数据类型。然后从创建数据表、查看表结构和修改数据表 3 个方面入手详细介绍了数据表的基本操作。约束用来确保数据的准确性和一致性，数据的完整性就是对数据的准确性和一致性的一种保证，本章最后从主键约束、唯一约束、非空约束、默认约束、字段值自动增加、外键约束 6 个方面入手详细介绍了数据完整性约束。

实训项目

一、实训目的

掌握对数据表进行创建、查看、修改的 SQL 语句的基本语法。

二、实训内容

针对教务管理系统数据库 ems 做以下操作。

1. 按照表 4-8、表 4-9 和表 4-10 给出的表结构在数据库 ems（如果数据库 ems 不存在则需要先创建，具体操作请参见第 3 章实训项目）中创建 3 个数据表 students、courses 和 score。

表 4-8　students 表结构

字段名称	数据类型	主键	外键	非空	唯一	自增	默认	字段说明
studentid	char(6)	是	否	是	是	否	无	学号
studentname	varchar(50)	否	否	是	否	否	无	姓名
classname	varchar(20)	否	否	是	否	否	无	班级
gender	char(2)	否	否	否	否	否	NULL	性别

表 4-9　courses 表结构

字段名称	数据类型	主键	外键	非空	唯一	自增	默认	字段说明
courseid	char(4)	是	否	是	是	否	无	课程编号
coursename	varchar(20)	否	否	是	否	否	无	课程名
credit	int(1)	否	否	是	否	否	无	学分

表 4-10　score 表结构

字段名称	数据类型	主键	外键	非空	唯一	自增	默认	字段说明
studentid	char(6)	是	是	是	否	否	无	学号
courseid	char(4)	是	是	是	否	否	无	课程编号
score	int(3)	否	否	是	否	否	无	成绩

创建表 students 的代码如下。

```
CREATE TABLE students (
  studentid char(6) NOT NULL UNIQUE,
  studentname varchar(50) NOT NULL,
  classname varchar(20) NOT NULL,
  gender char(2) DEFAULT NULL,
  PRIMARY KEY (studentid)
)ENGINE=InnoDB;
```

创建表 courses 的代码如下。

```
CREATE TABLE courses (
  courseid char(4) NOT NULL UNIQUE,
  coursename varchar(20) NOT NULL,
  credit int(1) NOT NULL,
  PRIMARY KEY (courseid)
)ENGINE=InnoDB;
```

创建表 score 的代码如下。

```
CREATE TABLE score (
  studentid char(6) NOT NULL UNIQUE,
  courseid char(4) NOT NULL UNIQUE,
  score int(3) NOT NULL,
  PRIMARY KEY (studentid,courseid),
CONSTRAINT fk_st_sc1 FOREIGN KEY(studentid) REFERENCES students(studentid),
```

```
CONSTRAINT fk_cr_sc1 FOREIGN KEY(courseid) REFERENCES courses(courseid)
)ENGINE=InnoDB;
```

2. 将表 students 的 gender 字段改名为 sex。

代码如下。

```
ALTER TABLE students CHANGE gender sex char(2) DEFAULT NULL;
```

3. 修改表 students 中的 sex 字段的数据类型为 varchar(5)、非空约束、默认值为 "M"。

代码如下。

```
ALTER TABLE students MODIFY sex varchar(5) NOT NULL DEFAULT 'M';
```

4. 在表 students 的 classname 字段后增加 column1 字段，数据类型为 varchar(30)。

代码如下。

```
ALTER TABLE students ADD column1 varchar(30) AFTER classname;
```

5. 将表 students 的 column1 字段移动到 sex 字段后面。

代码如下。

```
ALTER TABLE students MODIFY column1 varchar(30) AFTER sex;
```

6. 删除表 students 的 column1 字段。

代码如下。

```
ALTER TABLE students DROP column1;
```

思考与练习

1. MySQL 支持的数据类型主要分成哪几类?

2. "abc" 属于什么类型? "16" 属于什么类型?

3. 创建数据库 company，并按照表 4-11 和表 4-12 给出的表结构在数据库 company 中创建两个数据表 department 和 employee。

表 4-11　department 表结构

字段名称	数据类型	主键	外键	非空	唯一	自增	默认	字段说明
deptid	char(5)	是	否	是	是	否	无	部门编号
deptname	varchar(20)	否	否	是	否	否	无	部门名称
description	varchar(255)	否	否	否	否	否	无	部门描述
managerid	char(6)	否	是	否	否	否	无	部门经理

表 4-12　employee 表结构

字段名称	数据类型	主键	外键	非空	唯一	自增	默认	字段说明
employeeid	char(6)	是	否	是	是	否	无	员工编号
employeename	varchar(50)	否	否	是	否	否	无	员工姓名
deptid	char(5)	否	是	否	否	否	无	部门
title	varchar(20)	否	否	否	否	否	无	职务

续表

字段名称	数据类型	主键	外键	非空	唯一	自增	默认	字段说明
onboarddate	date	否	否	是	否	否	无	入职时间
selfintro	varchar(255)	否	否	否	否	否	无	个人介绍
employeelevel	int(1)	否	否	否	否	否	无	岗位等级

4. 在表 employee 的 title 字段后增加 sex 字段，其数据类型为 varchar(40)。

5. 将表 employee 的 sex 字段改名为 gender。

6. 修改表 employee 中的 gender 字段的数据类型为 varchar(1)、非空约束、默认值为"M"。

7. 将表 employee 的 gender 字段移动到 selfintro 字段后面。

8. 删除表 employee 的 gender 字段。

第 5 章

表数据的增、改、删操作

学习目标:

- 熟练掌握 INSERT、UPDATE 和 DELETE 语句的语法;
- 能使用图形管理工具和命令方式实现数据插入、修改和删除操作。

5.1 插入数据

创建数据库和数据表后，接下来要考虑的是如何向数据表中添加数据，该操作可以使用 INSERT 语句完成。使用 INSERT 语句可以向一个已有的数据表中插入一行新记录。

使用 INSERT…VALUES 语句插入数据，是 INSERT 语句最常用的语法格式。它的语法格式如下。

```
INSERT [LOW_PRIORITY|DELAYED|HIGH PRIORITY][IGNORE]
[INTO] 数据表名 [(字段名, …)]
VALUES ({值|DEFAULT},…), (…), …
[ON DUPLICATE KEY UPDATE 字段名=表达式, …]
```

参数说明如下：

● [LOW_PRIORITY|DELAYED|HIGH PRIORITY]：可选项，其中 LOW_PRIORITY 是 INSERT、UPDATE、DELETE 语句都支持的一种可选修饰符，通常应用在多用户访问数据库的情况下，用于指示 MySQL 降低 INSERT、DELETE 或 UPDATE 操作执行的优先级；DELAYED 是 INSERT 语句支持的一种可选修饰符，用于指定 MySQL 服务器把待插入的行数据放到一个缓冲器中，直到待插入数据的表空闲时，才真正地在表中插入数据行；HIGH PRIORITY 是 INSERT 和 SELECT 语句支持的一种可选修饰符，用于指定 INSERT 和 SELECT 的操作优先级。

● [IGNORE]：可选项，表示在执行 INSERT 语句时表现的错误都会被当作警告处理。

● [INTO] 数据表名：可选项，用户指定被操作的数据表。

● [(字段名, …)]：可选项，当不指定该选项时，表示要向表中所有列插入数据，否则表示向数据表的指定列插入数据。

● VALUES ({值|DEFAULT},…), (…), …：必选项，用于指定需要插入的数据清单，其顺序必须与字段的顺序对应。其中每一列的数据可以是一个常量、变量、表达式或者 NULL，但是其数据类型要与对应的字段类型相匹配；也可以直接使用 DEFAULT 关键字，表示为该列插入默认值，但是使用的前提是已经明确指定了默认值，否则会出错。

● ON DUPLICATE KEY UPDATE 子句：可选项，用于指定向表中插入行时，如果导致 UNIQUE KEY 或 PRIMARY KEY 出现重复值，系统会根据 UPDATE 后的语句修改表中原有行的数据。

INSERT…VALUES 语句使用时，通常有以下 3 种方式。

5.1.1 插入完整数据

【例 5-1】 向 library 数据库中的表 books 中插入一条新记录。

（1）在写插入数据的语句之前，先查看一下数据表 books 的表结构，代码如下。

```
DESC books;
```

运行结果如图 5-1 所示。

信息	Result 1	剖析	状态			
Field		Type	Null	Key	Default	Extra
▶ bookid		char(6)	NO	PRI	(Null)	
bookname		varchar(5(	NO		(Null)	
author		varchar(5(	NO		(Null)	
press		varchar(4(	NO		(Null)	
pubdate		date	NO		(Null)	
type		varchar(2(	NO		(Null)	
number		int(2)	NO		(Null)	
info		varchar(2!	YES		(Null)	

图 5-1　查看数据表 books 的表结构

（2）先选择数据表所在的数据库，然后使用 INSERT…VALUES 语句完成数据插入操作，代码如下。

```
USE library;
INSERT INTO books
VALUES
('L0006','局外人','加缪','江苏凤凰文艺出版社','2017-8-1','文学',5,NULL);
```

运行结果如图 5-2 所示。

```
信息   剖析   状态
USE library
> OK
> 时间: 0s


INSERT INTO books
VALUES
('L0006','局外人','加缪','江苏凤凰文艺出版社','2017-8-1','文学',5,NULL)
> Affected rows: 1
> 时间: 0.008s
```

图 5-2　向数据表 books 中插入一条完整的数据

（3）通过 SELECT 语句查看数据表 books 中的数据，代码如下。

```
SELECT * FROM books;
```

运行结果如图 5-3 所示。

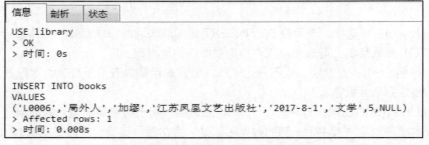

bookid	bookname	author	press	pubdate	type	number	info
L0003	清明上河图密码	冶文彪	北京联合出版公司	2018-05-01	文学	6	(Null)
L0004	巨人的陨落	肯福莱特	江苏凤凰文艺出版社	2016-05-01	文学	2	(Null)
L0005	使女的故事	玛格丽特阿特伍德	上海译文出版社有限	2017-12-27	文学	2	(Null)
▶ L0006	局外人	加缪	江苏凤凰文艺出版社	2017-08-01	文学	5	(Null)
P0001	时间简史	史蒂芬·霍金	湖南科学技术出版社	2010-04-01	科普读物	8	(Null)
P0002	从一到无穷大:科学中的事实	G.伽莫夫	科学出版社	2016-01-01	科普读物	4	(Null)
P0003	万万没想到:用理工科思维理	万维钢	电子工业出版社	2014-10-01	科普读物	11	(Null)
P0004	寂静的春天	蕾切尔·卡森	上海译文出版社	2014-06-01	科普读物	10	(Null)

图 5-3　查看 books 表中新插入的数据

5.1.2 插入数据记录的一部分

【例 5-2】向 library 数据库中的表 readers 中插入一条新记录。

（1）在写插入数据的语句之前，先查看一下数据表 readers 的表结构，代码如下。

```
DESC readers;
```

运行结果如图 5-4 所示。

信息	Result 1	剖析	状态			
Field	Type	Null	Key	Default	Extra
readerid	char(6)	NO	PRI	(Null)	
readername	varchar(5）	NO		(Null)	
identity	char(4)	NO		(Null)	
gender	char(2)	YES		(Null)	
school	varchar(5）	NO		(Null)	
tel	char(11)	YES		(Null)	

图 5-4 查看数据表 readers 的表结构

（2）先选择数据表所在的数据库，然后再使用 INSERT…VALUES 语句完成数据插入，代码如下。

```
USE library;
INSERT INTO readers(readerid, readername, identity, school)
VALUES
('S1015', '秦川', '学生', '计算机学院');
```

运行结果如图 5-5 所示。

```
信息    剖析    状态

USE library
> OK
> 时间: 0s


INSERT INTO readers(readerid,readername,identity,school)
VALUES
('S1015','秦川','学生','计算机学院')
> Affected rows: 1
> 时间: 0.048s
```

图 5-5 向数据表 readers 中插入数据记录的一部分

（3）通过 SELECT 语句查看数据表 readers 中的数据，代码如下。

```
SELECT * FROM readers;
```

运行结果如图 5-6 所示。

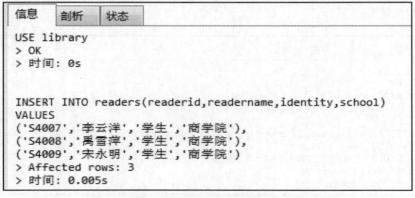

图5-6　查看readers表中新插入的数据

5.1.3　插入多条记录

【例5-3】向 library 数据库中的表 readers 中插入多条新记录。

（1）先选择数据表所在的数据库，然后再使用 INSERT…VALUES 语句完成数据插入，代码如下。

```
USE library;
INSERT INTO readers(readerid,readername,identity,school)
VALUES
('S4007','李云洋','学生','商学院'),
('S4008','禹雪萍','学生','商学院'),
('S4009','宋永明','学生','商学院');
```

运行结果如图5-7所示。

```
USE library
> OK
> 时间: 0s


INSERT INTO readers(readerid,readername,identity,school)
VALUES
('S4007','李云洋','学生','商学院'),
('S4008','禹雪萍','学生','商学院'),
('S4009','宋永明','学生','商学院')
> Affected rows: 3
> 时间: 0.005s
```

图5-7　向数据表readers中插入3条数据

（2）通过 SELECT 语句查看数据表 readers 中的数据，代码如下。

```
SELECT * FROM readers;
```

运行结果如图5-8所示。

图 5-8　查看新插入的 3 条数据

5.2　修改数据

在数据库中，要执行修改的操作，可以使用 UPDATE 语句，语法如下。

```
UPDATE [LOW_PRIORITY][IGNORE] 数据表名
SET 字段 1 = 值 1 [, 字段 2 = 值 2…]
[WHERE 条件表达式]
[ORDER BY…]
[LIMIT 行数]
```

参数说明如下：

● [LOW_PRIORITY]：可选项，表示在多用户访问数据库的情况下可用延迟 UPDATE 操作，直到没有别的用户再从表中读取数据为止。这个过程仅适用于表级锁的存储引擎。

● [IGNORE]：在 MySQL 中，通过 UPDATE 语句更新表中的多行数据时，如果出现错误，那么整个 UPDATE 语句操作都会被取消，错误发生前更新的所有行将被恢复到它们原来的值。因此，为了在发生错误时也要继续进行更新，可以在 UPDATE 语句中使用 IGNORE 关键字。

● SET 子句：必选项，用于指定表中要修改的字段名及其字段值。其中的值可以是表达式，也可以是该字段对应的默认值。如果要指定默认值，则须使用关键字 DEFAULT。

● WHERE 子句：可选项，用于限定表中要修改的行，如果不指定该子句，那么 UPDATE 语句会更新表中的所有行。

● ORDER BY 子句：可选项，用于限定表中的行被修改的次序。

● LIMIT 子句：可选项，用于限定被修改的行数。

【例 5-4】将 readers 表中姓名为 "秦川" 的读者的性别修改为 "男"。

（1）使用 UPDATE 语句修改表中的数据，代码如下。

```
UPDATE readers
SET gender = '男'
WHERE readername = '秦川';
```

运行结果如图 5-9 所示。

图 5-9 将秦川的性别设为男

（2）通过 SELECT 语句查看数据表 readers 中的数据，代码如下。

```
SELECT * FROM readers
WHERE readername = '秦川';
```

运行结果如图 5-10 所示。

readerid	readername	identity	gender	school	tel
S1015	秦川	学生	男	计算机学院	(Null)

图 5-10 查看修改后的结果

5.3 删除数据

在数据库中，有些数据已经失去意义或者存在错误时就需要将它们删除。在 MySQL 中，可以使用 DELETE 语句或者 TRUNCATE TABLE 语句删除表中的一行或多行数据，下面分别对它们进行介绍。

5.3.1 通过 DELETE 语句删除数据

通过 DELETE 语句删除数据的基本语法格式如下。

```
DELETE [LOW_PRIORITY][QUICK][IGNORE] FROM 数据表名
[WHERE 条件表达式]
[ORDER BY…]
[LIMIT 行数]
```

参数说明如下：

● [LOW_PRIORITY]：可选项，表示在多用户访问数据库的情况下可用延迟 UPDATE 操作，直到没有别的用户再从表中读取数据为止。这个过程仅适用于表级锁的存储引擎。

● [QUICK]：可选项，用于加快部分种类的删除操作的速度。

● [IGNORE]：在 MySQL 中，通过 DELETE 语句更新表中的多行数据时，如果出现错误，整个 DELETE 语句操作都会被取消，错误发生前更新的所有行将被恢复到它们原来的值。因此，为了在发生错误时也能继续进行更新，可以在 DELETE 语句中使用 IGNORE 关键字。

● 数据表名：用于指定要删除的数据表的表名。

● WHERE 子句：可选项，用于限定表中要删除的行，如果不指定该子句，那么 DELETE 语句会删除表中的所有行。

● ORDER BY 子句：可选项，用于限定表中的行被删除的次序。

● LIMIT 子句：可选项，用于限定被删除的次数。

注意：该语句在执行过程中，如果没有指定 WHERE 条件，将删除所有的记录；如果指定了 WHERE 条件，将按照指定的条件进行删除。

【例 5-5】从 readers 表中将姓名为"秦川"的记录删除。

（1）使用 DELETE 语句删除表中的数据，代码如下。

```
DELETE FROM readers
WHERE readername = '秦川';
```

运行结果如图 5-11 所示。

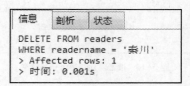

图 5-11　删除 readers 表中姓名为"秦川"的记录

（2）通过 SELECT 语句查看数据表 readers 中的数据，代码如下。

```
SELECT * FROM readers
WHERE readername = '秦川';
```

运行结果如图 5-12 所示，查询没有结果，该读者信息已被删除。

信息	Result 1	剖析	状态		
readerid	readername	identity	gender	school	tel
▶ (Null)	(Null)	(Null)	(Null)	(Null)	(Null)

图 5-12　查看删除后的结果

5.3.2　通过 TRUNCATE TABLE 语句删除数据

删除数据时，如果要从表中删除所有的行，可以使用 TRUNCATE TABLE 语句来实现。删除数据的基本语法格式如下。

```
TRUNCATE [TABLE] 数据表名
```

在上面的语法中，数据表名表示的就是删除的数据表的表名，也可以使用"数据库名.数据表名"指定该数据表隶属于哪个数据库。

注意：由于 TRUNCATE TABLE 语句会删除数据库中的所有数据，并且无法恢复，因此使用 TRUNCATE TABLE 语句时一定要十分小心。

【例 5-6】清空读者表 readers。

（1）使用 TRUNCATE TABLE 语句清空表中的数据，代码如下。

```
TRUNCATE TABLE readers;
```

运行结果如图 5-13 所示。

（2）通过 SELECT 语句查看数据表 readers，代码如下。

```
SELECT * FROM readers
```

运行结果如图 5-14 所示，查询没有结果，读者表 readers 已被清空。

图 5-13　清空读者表 readers

readerid	readername	identity	gender	school	tel
(Null)	(Null)	(Null)	(Null)	(Null)	(Null)

图 5-14　读者表 readers 已被清空

DELETE 语句和 TRUNCATE TABLE 语句的区别如下。

（1）使用 TRUNCATE TABLE 语句后，表中的 AUTO_INCREMENT 计数器将被重新设为该列的初始值。

（2）对于参与了索引和视图的表，不能使用 TRUNCATE TABLE 语句删除数据，应使用 DELETE 语句。

（3）TRUNCATE TABLE 操作比 DELETE 操作使用的系统和事务日志资源少。DELETE 语句每删除一行，都会在事务日志中添加一行记录，而 TRUNCATE TABLE 语句是通过释放存储表数据用的数据页删除数据的，因此只在事务日志中记录页的释放。

本章小结

创建数据库和数据表后，就可以针对表中的数据进行各种交互操作了，这些操作可以有效地使用、维护和管理数据库中的表数据，其中最常用的是添加、修改和删除操作。本章介绍了在 MySQL 中对数据表进行数据添加、数据修改和数据删除的具体方法，即对表数据的增、改、删操作。插入操作是指把数据插入到数据表的指定位置，可通过 INSERT 语句完成，修改操作使用 UPDATE 语句实现，删除操作使用 DELETE 语句或 TRUNCATE TABLE 语句实现。

实训项目

一、实训目的

掌握对表数据进行添加、修改、删除的 SQL 语句，以及在图形界面工具中对数据进行添加、修改、删除的操作。

二、实训内容

对教务管理系统数据库 ems 做以下操作。

1.　JAVA1801 班转来一个新学生王帆，在学生表 students 中添加他的信息，代码如下。

```
INSERT INTO studen
VALUES
('180201','王帆','JAVA1801','男');
```

结果如图 5-15 所示。

studentid	studentname	classname	gender
180197	张璨	测试1801	女
180198	胡林娇	测试1801	女
180199	董海霞	测试1801	女
180200	邹剑	测试1801	男
180201	王帆	JAVA1801	男

图 5-15　在 students 表中添加新学生

2.　JAVA1801 班的学生要选修 3 门课，在成绩表 score 中为王帆添加 3 门课的成绩，代码如下。

```
INSERT INTO score
VALUES
('180201','J001',82),
('180201','Z001',75),
('180201','Z003',86);
```

结果如图 5-16 所示。

3.　学校开设的课程出现调整，在课程表 courses 中将"JAVA 程序设计"课程的学分由 6 调整为 4；将课程名"数据库"改为"数据库原理及应用"，代码如下。

```
UPDATE courses
SET credit = 4
WHERE coursename = 'JAVA 程序设计';
UPDATE courses
SET coursename = '数据库原理及应用'
WHERE coursename = '数据库';
```

修改后的结果如图 5-17 所示。

studentid	courseid	score
180200	Z004	64
180200	Z003	74
180201	J001	82
180201	Z001	75
180201	Z003	86

图 5-16　在 score 表中添加 3 门课的成绩

courseid	coursename	credit
J001	公共英语	2
Z001	JAVA程序设计	4
Z002	C#程序设计	6
Z003	数据库原理及应用	4
Z004	数据结构	4

图 5-17　修改课程信息

4.　教师许杰离职，在教师表 teachers 中将他的信息删除，代码如下。

```
DELETE FROM teachers
WHERE teachername = '许杰';
```

思考与练习

公司人事管理数据库 company 中的员工表 employee 如图 5-18 所示。

EmployeeID	EName	DeptID	Title	OnboardDate	SelfIntro	EmployeeLevel
0001	王旭	303	科员	2014-03-05	(Null)	9
0002	张世杰	264	经理	2001-06-01	(Null)	3
0003	陈哲	719	科员	2009-05-09	(Null)	6
0004	闻康	303	副经理	2005-08-06	(Null)	5
0005	孙威	264	科员	2012-07-23	(Null)	8
0006	吴伟	168	科员	2011-08-13	(Null)	7
0007	曾裕豪	719	经理	2006-09-30	(Null)	4
0008	王锐光	168	副经理	2008-06-30	(Null)	5
0009	赵玉琪	303	科员	2012-05-10	(Null)	7
0010	李敏	168	科员	2011-06-23	(Null)	6

图 5-18　员工表 employee

完成以下操作。

1. 向 employee 表中添加一个新员工，信息如下。

0033, 王凯, 264, 科员, 2018-7-20, NULL, 9

2. 员工李敏工作变动，由 168 部门调到了 719 部门，在 employee 表中做出相应的修改。

3. 员工孙威岗位晋级成功，将他原先的岗位等级 8 级调整为 7 级，在 employee 表中做出相应的修改。

4. 2010 年之前入职的所有员工岗位等级全部晋升一级（即等级数都减 1），在 employee 表中做出相应的修改。

5. 员工吴伟辞职离开公司，在 employee 表中将他的信息删除。

MySQL

6

Chapter

第 6 章

数据查询

学习目标:

- 熟练掌握查询简单数据记录的方法;
- 熟练掌握查询条件数据记录的方法;
- 熟练掌握查询分组数据的方法;
- 熟练掌握查询多表连接的方法;
- 熟练掌握子查询的方法;
- 能使用图形管理工具和命令方式实现数据的各类查询操作。

6.1 基本查询语句

查询是关系数据库中使用最频繁的操作，也是其他 SQL 语句的基础。例如，当要删除或更新某些数据记录时，首先需要查询这些记录，然后再对其进行相应的 SQL 操作。因此，基于 SELECT 的查询操作就显得十分重要，其基本语法格式如下。

```
SELECT [DISTINCT] <字段列表>
FROM <数据表>
[<连接类型> JOIN <数据表> ON <连接条件>]
[WHERE <查询条件>]
[GROUP BY <字段列表>]
[HAVING <条件表达式>]
[ORDER BY <字段列表>]
[LIMIT [<offset,>]<限制行数>]
```

参数说明如下：

- [DISTINCT]：可选项，去除查询结果中重复的数据记录。
- <字段列表>：表示需要查询的字段，其中至少包含一个字段名称，如果需要查询多个字段，需要用逗号将每个字段隔开。
- <数据表>：表示需要查询字段的来源，可以是单表或者多表。
- [<连接类型> JOIN <数据表> ON <连接条件>]：多表连接查询，连接类型分为内连接和外连接，连接条件指多表进行连接查询的条件。
- [WHERE <查询条件>]：可选项，如果选择该项将限定本查询须满足查询条件。
- [GROUP BY <字段列表>]：可选项，该子句将查询结果按照指定的字段进行分组。
- [HAVING <条件表达式>]：可选项，与 GROUP BY 一起使用，该子句将分组结果按条件表达式进行过滤。
- [ORDER BY <字段列表>]：可选项，该子句将查询结果按指定字段列表的值进行排序。
- [LIMIT [<offset>，]<限制行数>]：可选项，指定查询结果显示的数据行数，offset 表示偏移量。

6.2 单表查询

6.2.1 简单数据记录查询

MySQL 通过 SELECT 语句实现数据记录的查询。简单数据查询的语法形式如下。

```
SELECT * | <字段列表>
FROM 数据表;
```

在上述查询语句中，星号"*"表示查询数据表的所有字段值，"字段列表"表示查询指定字段的字段值，数据表表示所要查询数据记录的表名。根据查询需求不同，该 SQL 语句可以通过如下两种方式使用：

- 查询所有字段数据。
- 查询指定字段数据。

1. 查询所有字段数据

在 SELECT 语句中，使用星号 "*" 通配符可以查询所有字段数据。下面通过一个具体示例加以说明。

【例 6-1】 查询 library 数据库中表 books 中的所有字段的数据。

（1）查看数据表 books 的表结构，执行如下 SQL 语句。

```
DESC books;
```

运行结果如图 6-1 所示。

Field	Type	Null	Key	Default	Extra
bookid	char(6)	NO	PRI	(Null)	
bookname	varchar(50)	NO		(Null)	
author	varchar(50)	NO		(Null)	
press	varchar(40)	NO		(Null)	
pubdate	date	NO		(Null)	
type	varchar(20)	NO		(Null)	
number	int(2)	NO		(Null)	
info	varchar(255)	YES		(Null)	

图 6-1　数据表 books 的表结构

（2）首先选择数据表 books 所在的数据库，然后执行 SELECT 语句查询所有字段的数据，具体 SQL 语句如下。

```
USE library;
SELECT *
FROM books;
```

运行结果如图 6-2 所示。

bookid	bookname	author	press	pubdate	type	number	info
C0001	大数据时代	维克托·迈尔	浙江人民出版社	2013-01-01	计算机	4	(Null)
C0002	深度学习	伊恩·古德费洛	人民邮电出版社	2017-08-01	计算机	6	(Null)
C0003	Python编程 从入门	埃里克·马瑟斯	人民邮电出版社	2016-07-01	计算机	7	(Null)
C0004	编程珠玑	Jon Bentley	人民邮电出版社	2015-01-09	计算机	10	(Null)
C0005	算法导论	Thomas H.Corme	机械工业出版社	2013-07-01	计算机	9	(Null)
E0001	高难度沟通:麻省理	贾森杰伊	中国友谊出版公司	2018-01-01	经济管理	6	(Null)
E0002	影响力	罗伯特西奥迪尼	北京联合出版公司	2016-09-01	经济管理	5	(Null)
E0003	逆向管理:先行动后	艾米尼亚伊贝拉	北京联合出版公司	2016-07-01	经济管理	4	(Null)
E0004	见识	吴军	中信出版社	2018-03-01	经济管理	6	(Null)
E0005	细节:如何轻松影响	罗伯特西奥迪尼	中信出版社	2016-11-20	经济管理	7	(Null)
H0001	丝绸之路:一部全新	彼得弗兰科潘	浙江大学出版社	2016-10-01	历史	11	(Null)
H0002	中国通史	吕思勉	中国华侨出版社	2016-06-01	历史	10	(Null)

图 6-2　数据表 books 中所有字段数据

2. 查询指定字段数据

如果只需要查询数据表中的某些字段数据,在关键字 SELELCT 后指定需要查询的字段即可,字段名之间须用逗号","隔开,下面通过一个具体示例加以说明。

【例 6-2】 查询 library 数据库中数据表 books 的 bookid、author 和 press3 个字段的数据记录。

（1）首先选择数据表 books 所在的数据库,然后执行 SELECT 语句查询指定字段的数据,具体 SQL 语句如下。

```
USE library;
SELECT bookid, author, press
FROM books;
```

运行结果如图 6-3 所示。

图 6-3 显示,通过执行 SELECT 语句成功查询到了 books 中字段 bookid、author、press 的数据信息,且查询结果的排列顺序与 SELECT 关键字后字段名的顺序一致。

（2）调整 SELECT 后字段的排列顺序,执行如下的 SQL 语句。

```
SELECT bookid, press, author
FROM books;
```

运行结果如图 6-4 所示。

信息	Result 1	剖析	状态
bookid	author		press
C0001	维克托•迈尔		浙江人民出版社
C0002	伊恩·古德费洛		人民邮电出版社
C0003	埃里克·马瑟斯		人民邮电出版社
C0004	Jon Bentley		人民邮电出版社
C0005	Thomas H.Corme		机械工业出版社
E0001	贾森杰伊		中国友谊出版公司
E0002	罗伯特西奥迪尼		北京联合出版公司
E0003	艾米尼亚伊贝拉		北京联合出版公司
E0004	吴军		中信出版社

图 6-3　在数据表 books 中指定字段的数据记录

信息	Result 1	剖析	状态
bookid	press		author
C0001	浙江人民出版社		维克托•迈尔
C0002	人民邮电出版社		伊恩·古德费洛
C0003	人民邮电出版社		埃里克·马瑟斯
C0004	人民邮电出版社		Jon Bentley
C0005	机械工业出版社		Thomas H.Corme
E0001	中国友谊出版公司		贾森杰伊
E0002	北京联合出版公司		罗伯特西奥迪尼
E0003	北京联合出版公司		艾米尼亚伊贝拉
E0004	中信出版社		吴军
E0005	中信出版社		罗伯特西奥迪尼

图 6-4　调整指定字段顺序的查询结果

（3）如果指定字段在数据表中不存在,则查询报错。例如,在 books 数据表中查询字段名为 price 的数据,执行如下的 SQL 语句。

```
SELECT price
FROM books;
```

运行结果如图 6-5 所示。

信息	状态

```
SELECT price FROM books
> 1054 - Unknown column 'price' in 'field list'
> 时间: 0.004s
```

图 6-5　books 数据表中 price 字段的数据

结果显示运行报错，错误信息 "1054 – Unknown column 'price' in 'field list'" 提示不存在 price 字段。

6.2.2 去除重复查询结果——DISTINCT

当在 MySQL 中执行数据查询时，查询结果可能会包含重复的数据。如果需要消除这些重复数据，可以在 SELECT 语句中使用关键字 DISTINCT。语法格式如下。

```
SELECT DISTINCT 字段名
FROM 表名;
```

【例 6-3】查询 library 数据库中的表 books 的 press 字段值，且须使返回的查询结果中不存在重复的数据记录。

（1）首先选择数据表 books 所在的数据库，然后执行 SELECT 语句查询 press 字段的值，具体 SQL 语句如下。

```
USE library;
SELECT press
FROM books;
```

运行结果如图 6-6 所示。

（2）上一步骤的返回结果中有重复数据，使用 DISTINCT 关键字消除重复数据，执行如下 SQL 语句。

```
SELECT DISTINCT press
FROM books;
```

运行结果如图 6-7 所示，查询结果中不存在重复数据。

图 6-6 未消除重复数据的查询结果

图 6-7 消除重复数据的查询结果

（3）需要注意的是，关键字 DISTINCT 不能部分使用，一旦使用，将会应用于所有指定的字段，而不仅是某一个，也就是所有字段的组合值重复时才会被消除。例如，普通查询 press 和 type 字段的结果如图 6-8 所示，而消除 press 和 type 字段的重复查询结果如图 6-9 所示，执行如下

SQL 语句。

```
SELECT DISTINCT press,type
FROM books;
```

press	type
▶ 浙江人民出版社	计算机
人民邮电出版社	计算机
人民邮电出版社	计算机
人民邮电出版社	计算机
机械工业出版社	计算机
中国友谊出版公司	经济管理
北京联合出版公司	经济管理
北京联合出版公司	经济管理
中信出版社	经济管理
中信出版社	经济管理
浙江大学出版社	历史
中国华侨出版社	历史
江苏凤凰文艺出版	历史
中信出版社	历史
江苏凤凰文艺出版社	文学

图 6-8 查询 press 和 type 字段的结果

press	type
▶ 浙江人民出版社	计算机
人民邮电出版社	计算机
机械工业出版社	计算机
中国友谊出版公司	经济管理
北京联合出版公司	经济管理
中信出版社	经济管理
浙江大学出版社	历史
中国华侨出版社	历史
江苏凤凰文艺出版社	历史
中信出版社	历史
江苏凤凰文艺出版社	文学
湖南文艺出版社	文学
北京联合出版公司	文学
上海译文出版社有限公司	文学
湖南科学技术出版社	科普读物

图 6-9 消除 press 和 type 字段的重复查询结果

6.2.3 限制查询结果数量——LIMIT

当在 MySQL 中执行数据查询时，查询结果可能会包含很多数据。如果仅需要结果中的某些行数据，可以使用 LIMIT 关键字实现。语法如下。

```
SELECT * | 字段列表
FROM 数据表名
LIMIT [位置偏移量,] 行数;
```

上述查询语句中，"位置偏移量"指定从查询结果中的哪一行数据开始截取，是一个可选参数。如果不指定位置偏移量，则默认从查询结果的第一行开始截取。"行数"指定从查询结果中截取数据记录的行数。下面用具体的例子加以说明。

【例 6-4】查询数据库 library 中 books 数据表的前 5 行数据，执行如下的 SQL 语句。

```
USE library;
SELECT *
FORM books
LIMIT 5;
```

运行结果如图 6-10 所示。

bookid	bookname	author	press	pubdate	type	number	info
▶ C0001	大数据时代	维克托·迈尔	浙江人民出版社	2013-01-01	计算机	4	(Null)
C0002	深度学习	伊恩·古德费洛	人民邮电出版社	2017-08-01	计算机	6	(Null)
C0003	Python编程 从入门	埃里克·马瑟斯	人民邮电出版社	2016-07-01	计算机	7	(Null)
C0004	编程珠玑	Jon Bentley	人民邮电出版社	2015-01-09	计算机	10	(Null)
C0005	算法导论	Thomas H.Corme	机械工业出版社	2013-07-01	计算机	9	(Null)

图 6-10 books 数据表中的前 5 行数据

【例 6-5】查询 books 数据表中偏移量为 3，行数为 5 的数据记录，执行如下的 SQL 语句。

```
USE library;
SELECT *
FROM books
LIMIT 3,5;
```

运行结果如图 6-11 所示。

信息	Result 1	剖析	状态					
bookid	bookname	author	press	pubdate	type	number	info
▶ C0004	编程珠玑	Jon Bentley	人民邮电出版社	2015-01-09	计算机	10	(Null)
C0005	算法导论	Thomas H.Corme	机械工业出版社	2013-07-01	计算机	9	(Null)
E0001	高难度沟通:麻省理	贾森杰伊	中国友谊出版公司	2018-01-01	经济管理	6	(Null)
E0002	影响力	罗伯特西奥迪尼	北京联合出版公司	2016-09-01	经济管理	5	(Null)
E0003	逆向管理:先行动后	艾米尼亚伊贝拉	北京联合出版公司	2016-07-01	经济管理	4	(Null)

图 6-11　books 数据表中偏移量为 3 的 5 行数据记录

6.2.4　条件数据查询

数据库中包含大量数据，通常不需要查询所有数据，而是需要根据需求查询满足一定条件的数据。在 MySQL 中通过关键字 WHERE 对查询数据进行筛选，语法格式如下。

```
SELECT 字段列表
FROM 数据表
WHERE 查询条件;
```

根据查询条件，将条件查询分为：

- 关系运算条件查询；
- 逻辑运算条件查询；
- 带关键字 BETWEEN AND 的范围查询；
- 带关键字 LIKE 的模糊条件查询；
- 带关键字 IS NULL 的空值条件查询。

1. 关系运算条件查询

MySQL 支持关系运算编写查询条件表达式，该软件支持的关系运算表达式见表 6-1。

表 6-1　MySQL 支持的关系运算符

运算符	描述
>	大于
<	小于
=	等于
!=	不等于
>=	大于或等于
<=	小于或等于

【例 6-6】查询 borrow 数据表中借书证号为“S6003”的借阅信息。

首先选择数据表 borrow 所在的数据库，然后执行 SELECT 查询语句，具体的 SQL 语句如下。

```
USE library;
SELECT *
FROM borrow
WHERE readerid='S6003';
```

运行结果如图 6-12 所示。

信息 | Result 1 | 剖析 | 状态

	bookid	readerid	borrowdate	num
B0006	P0004	S6003	2017-04-28 11:20:55	1
B0051	L0003	S6003	2018-04-02 11:58:04	1
B0058	C0004	S6003	2018-06-06 09:18:58	1

图 6-12　借书证号为“S6003”的借阅信息记录

【例 6-7】查询 borrow 数据表中借阅册数大于或等于 2 的借阅信息记录。执行如下 SQL 语句。

```
USE library;
SELECT *
FROM borrow
WHERE num>=2;
```

运行结果如图 6-13 所示。

信息 | Result 1 | 剖析 | 状态

borrowid	bookid	readerid	borrowdate	num
B0004	T0001	S3004	2017-04-15 10:30:39	2
B0005	T0001	S6004	2017-04-17 09:41:33	2
B0014	L0004	T1003	2017-07-14 13:44:47	3
B0017	T0002	T5001	2017-07-29 09:14:22	2
B0031	L0005	S3005	2017-11-19 12:41:13	2
B0032	L0003	S4006	2017-11-21 10:40:17	2
B0044	T0001	S1007	2018-02-22 12:13:37	2

图 6-13　借阅册数大于或等于 2 的借阅信息记录

2. 逻辑运算条件查询

MySQL 支持逻辑运算编写查询条件表达式。该软件支持的逻辑运算表达式见表 6-2。

表 6-2　MySQL 支持的逻辑运算符

运算符	描述
AND（&&）	逻辑与
OR（‖）	逻辑或
XOR	逻辑异或
NOT（！）	逻辑非

例 6-6 和例 6-7 中的查询条件只有一个条件表达式，但实际项目中的查询往往需要满足多个查询条件。MySQL 在 WHERE 子句中通过关键字 AND 将多个条件查询表达式连接起来，只有满足所有条件表达式的记录才会被返回。

【例 6-8】查询数据表 books 中出版社为"人民邮电出版社"且在库数量大于 2 的图书信息记录。执行如下代码。

```
USE library;
SELECT *
FROM books
WHERE press='人民邮电出版社' AND number > 2;
```

运行结果如图 6-14 所示。

信息	Result 1	剖析	状态					
bookid	bookname	author	press	pubdate	type	number	info
C0002	深度学习	伊恩·古德费洛	人民邮电出版社	2017-08-01	计算机	6	(Null)
C0003	Python编程 从入门	埃里克·马瑟斯	人民邮电出版社	2016-07-01	计算机	7	(Null)
C0004	编程珠玑	Jon Bentley	人民邮电出版社	2015-01-09	计算机	10	(Null)

图 6-14　出版社为"人民邮电出版社"且在库数量大于 2 的图书信息记录

与 AND 相反，在条件查询子句中使用关键字 OR 表示只须满足一种条件的记录即可被返回。

【例 6-9】查询数据表 books 中出版社为"人民邮电出版社"或"机械工业出版社"的图书信息记录。执行如下代码。

```
SELECT *
FROM books
WHERE press='人民邮电出版社' OR press='机械工业出版社';
```

运行结果如图 6-15 所示。

信息	Result 1	剖析	状态					
bookid	bookname	author	press	pubdate	type	number	info
C0002	深度学习	伊恩·古德费洛	人民邮电出版社	2017-08-01	计算机	6	(Null)
C0003	Python编程 从入门	埃里克·马瑟斯	人民邮电出版社	2016-07-01	计算机	7	(Null)
C0004	编程珠玑	Jon Bentley	人民邮电出版社	2015-01-09	计算机	10	(Null)
C0005	算法导论	Thomas H.Cormen	机械工业出版社	2013-07-01	计算机	9	(Null)

图 6-15　出版社为"人民邮电出版社"或"机械工业出版社"的图书信息记录

3. 带关键字 BETWEEN AND 的范围查询

在 MySQL 中，关键字 BETWEEN AND 可以实现指定范围的条件查询，语法如下。

```
SELECT 字段 1，字段 2…
FROM 数据表名
WHERE 字段 1 BETWEEN 值 1 AND 值 2;
```

上述语句中，关键字 BETWEEN AND 设置了字段 1 的取值范围，值 1 和值 2 分别为字段 1 的开始值和结束值，满足该范围的记录将被返回。

【例 6-10】查询数据表 books 中在库数量在 5 到 7 之间的图书信息，执行如下 SQL 语句。

```
SELECT *
FROM books
WHERE number BETWEEN 5 AND 7;
```

执行结果如图 6-16 所示。

| 信息 | Result 1 | 剖析 | 状态 |
bookid	bookname	author	press	pubdate	type	number	info
C0002	深度学习	伊恩·古德费洛	人民邮电出版社	2017-08-01	计算机	6	(Null)
C0003	Python编程 从入门	埃里克·马瑟斯	人民邮电出版社	2016-07-01	计算机	7	(Null)
E0001	高难度沟通:麻省理	贾森杰伊	中国友谊出版公司	2018-01-01	经济管理	6	(Null)
E0002	影响力	罗伯特西奥迪尼	北京联合出版公司	2016-09-01	经济管理	5	(Null)
E0004	见识	吴军	中信出版社	2018-03-01	经济管理	6	(Null)
E0005	细节:如何轻松影响	罗伯特西奥迪尼	中信出版社	2016-11-20	经济管理	7	(Null)
H0003	半小时漫画世界史	陈磊	江苏凤凰文艺出版	2018-04-20	历史	6	(Null)
L0003	清明上河图密码	冶文彪	北京联合出版公司	2018-05-01	文学	6	(Null)
S0002	简单的逻辑学	D.Q.麦克伦尼	浙江人民出版社	2013-06-01	社会科学	7	(Null)
T0002	新版赖世雄美语:美	赖世雄	外文出版社	2014-03-01	教辅	6	(Null)

图 6-16　在库数量在 5 到 7 之间的图书信息

在 BETWEEN AND 前加上 NOT 关键字，可以查询不在条件范围内的记录，即不满足条件范围的记录将被返回，具体示例如下。

【例 6-11】查询数据表 books 中在库数量不在 5 到 7 之间的图书信息，执行如下 SQL 语句。

```
SELECT *
FROM books
WHERE number NOT BETWEEN 5 AND 7;
```

运行结果如图 6-17 所示。

| 信息 | Result 1 | 剖析 | 状态 |
bookid	bookname	author	press	pubdate	type	number	info
C0001	大数据时代	维克托·迈尔	浙江人民出版社	2013-01-01	计算机	4	(Null)
C0004	编程珠玑	Jon Bentley	人民邮电出版社	2015-01-09	计算机	10	(Null)
C0005	算法导论	Thomas H.Corme	机械工业出版社	2013-07-01	计算机	9	(Null)
E0003	逆向管理:先行动后	艾米尼亚伊贝拉	北京联合出版公司	2016-07-01	经济管理	4	(Null)
H0001	丝绸之路:一部全新	彼得弗兰科潘	浙江大学出版社	2016-10-01	历史	11	(Null)
H0002	中国通史	吕思勉	中国华侨出版社	2016-06-01	历史	10	(Null)
H0004	人类简史:从动物到	尤瓦尔·赫拉利	中信出版社	2018-05-01	历史	4	(Null)
L0001	高兴死了	珍妮罗森	江苏凤凰文艺出版	2018-04-20	文学	2	(Null)
L0002	如父如子	是枝裕和	湖南文艺出版社	2018-03-01	文学	8	(Null)
L0004	巨人的陨落	肯福莱特	江苏凤凰文艺出版	2016-05-01	文学	2	(Null)
L0005	使女的故事	玛格丽特阿特伍德	上海译文出版社有	2017-12-27	文学	2	(Null)
P0001	时间简史	史蒂芬·霍金	湖南科学技术出版	2010-04-01	科普读物	8	(Null)
P0002	从一到无穷大:科学	G.伽莫夫	科学出版社	2016-01-01	科普读物	4	(Null)

图 6-17　在库数量不在 5 到 7 之间的图书信息

4. 带关键字 LIKE 的模糊条件查询

在 MySQL 中，关键字 LIKE 可以实现字符匹配的模糊条件查询。例如，查询姓张读者的基本信息，常规的比较操作已经无法实现，这里需要使用通配符进行匹配查找。关键字 LIKE 和通配符组成查找模式对表中的数据进行比较，满足查找模式的记录将被返回。

通配符是 SQL 语句中具有特殊含义的字符，关键字 LIKE 支持的通配符有"%"和"_"。"%"通配符可以匹配任意长度的字符，包括零字符，而"_"通配符只能匹配单个字符。

【例 6-12】查询数据表 readers 中所有姓张读者的基本信息，执行如下 SQL 语句。

```
SELECT *
FROM readers
WHERE readername LIKE '张%';
```

运行结果如图 6-18 所示。

信息	Result 1	剖析	状态			
readerid	readername	identity	gender	school	tel
S1009	张慧敏	学生	女	计算机学院	(Null)
S3002	张攀	学生	男	汽车工程学院	(Null)
S6005	张立	学生	男	电子工程学院	(Null)
S6009	张冬梅	学生	女	电子工程学院	(Null)
T5001	张凌	教师	女	艺术与传媒学院	(Null)

图 6-18　readers 数据表中所有姓张读者的基本信息

【例 6-13】查询数据表 readers 中姓张且名字长度为 2 的读者信息，执行如下 SQL 语句。

```
SELECT *
FROM readers
WHERE readername LIKE '张_';
```

运行结果如图 6-19 所示。

信息	Result 1	剖析	状态			
readerid	readername	identity	gender	school	tel
S3002	张攀	学生	男	汽车工程学院	(Null)
S6005	张立	学生	男	电子工程学院	(Null)
T5001	张凌	教师	女	艺术与传媒学院	(Null)

图 6-19　姓张且名字长度为 2 的读者信息

5. 带关键字 IS NULL 的空值条件查询

在 MySQL 中，关键字 IS NULL 可以实现判断字段值是否为空的条件查询。注意，空值不是 0，也不是空字符串，而是未定义、不确定或将在以后添加的数据。语法如下。

```
SELECT 字段1, 字段2…
FROM 数据表名
WHERE 字段1 IS NULL;
```

上述语句中，关键字 IS NULL 判断每一条记录的字段 1 是否为空，若为空，将被返回。

【例 6-14】查询数据表 readers 中电话为空的读者信息，执行如下代码。

```
SELECT *
FROM readers
WHERE tel IS NULL;
```

运行结果如图 6-20 所示。

图 6-20　电话为空的读者信息

与 IS NULL 相反的是 IS NOT NULL，该关键字可以查询字段值不为空的记录，具体示例如下。

【例 6-15】查询数据表 readers 中电话不为空的读者信息，执行如下代码。

```
SELECT *
FROM readers
WHERE tel IS NOT NULL;
```

运行结果如图 6-21 所示。

图 6-21　电话不为空的读者信息

6.2.5　ORDER BY 对查询结果排序

默认情况下，查询结果是按照数据记录最初添加到数据表中的顺序排序的。这样的查询结果顺序不能满足用户的需求，所以 MySQL 提供了关键字 ORDER BY 对查询结果进行排序。具体语法格式如下。

```
SELECT  字段 1, 字段 2, …
FROM 数据表名
[WHERE CONDITION]
ORDER BY 字段 1[ASC|DESC] [,字段 2 [ASC|DESC], …]
```

上述语句中，连接在 ORDER BY 之后的参数字段 1 表示按照该字段的值进行排序，可选参数 ASC 和 DESC 分别表示按照升序和降序进行排序，默认情况下按照 ASC 升序排序。还可以在 ORDER BY 后面连接多个字段进行多字段排序。

1. 单字段排序

查询语句中，ORDER BY 后面只有一个字段的情况下，查询结果将按照该字段的值进行升序或者降序排序。

【例 6-16】查询数据表 books 中的所有信息，并将结果按出版日期进行排序。

（1）查询数据表 books 中的所有数据记录，执行如下的 SQL 语句。

```
USE books;
SELECT *
FROM books;
```

执行结果如图 6-22 所示。

信息	Result 1	剖析	状态				
bookid	bookname	author	press	pubdate	type	number	info
C0001	大数据时代	维克托·迈尔	浙江人民出版社	2013-01-01	计算机	4	(Null)
C0002	深度学习	伊恩·古德费洛	人民邮电出版社	2017-08-01	计算机	6	(Null)
C0003	Python编程 从入门	埃里克·马瑟斯	人民邮电出版社	2016-07-01	计算机	7	(Null)
C0004	编程珠玑	Jon Bentley	人民邮电出版社	2015-01-09	计算机	10	(Null)
C0005	算法导论	Thomas H.Corme	机械工业出版社	2013-07-01	计算机	9	(Null)
E0001	高难度沟通:麻省理	贾森杰伊	中国友谊出版公司	2018-01-01	经济管理	6	(Null)
E0002	影响力	罗伯特西奥迪尼	北京联合出版公司	2016-09-01	经济管理	5	(Null)
E0003	逆向管理:先行动后	艾米尼亚伊贝拉	北京联合出版公司	2016-07-01	经济管理	4	(Null)
E0004	见识	吴军	中信出版社	2018-03-01	经济管理	6	(Null)
E0005	细节:如何轻松影响	罗伯特西奥迪尼	中信出版社	2016-11-20	经济管理	7	(Null)
H0001	丝绸之路:一部全新	彼得弗兰科潘	浙江大学出版社	2016-10-01	历史	11	(Null)
H0002	中国通史	吕思勉	中国华侨出版社	2016-06-01	历史	10	(Null)

图 6-22　查询数据表 books 中的所有数据记录

从图 6-22 所示的查询结果可以看出，查询结果没有特定顺序，且按照最初插入数据库表中的顺序进行显示。

（2）将查询结果按照出版日期进行排序，代码如下。

```
SELECT *
FROM books
ORDER BY pubdate;
```

执行结果如图 6-23 所示。

从图 6-23 所示的查询结果可以看出，若将查询按照某一字段进行排序，默认情况下查询结果将按照升序排序。

（3）将查询结果按照出版日期降序排序，具体的 SQL 语句如下。

```
SELECT *
FROM books
ORDER BY pubdate DESC;
```

图 6-23 将 books 数据表按照出版日期进行排序

运行结果如图 6-24 所示。

图 6-24 将 books 数据表按照出版日期降序排序

2. 多字段排序

MySQL 中可以按照多个字段值的顺序对查询结果进行排序，字段之间须用逗号隔开。首先按照第一个字段的值排序，当字段值相同时，再按照第二个字段的值排序，以此类推。并且，每个字段都可以指定按照升序或者降序排序。

【例 6-17】查询数据表 borrow 中的所有信息，并将结果按照 bookid 字段和 borrowdate 字段排序。

（1）查询数据表 borrow 中的所有数据记录，将查询结果按照 bookid 和 borrowdate 字段排序，执行如下的 SQL 语句。

```
SELECT *
FROM borrow
ORDER BY bookid,borrowdate;
```

运行结果如图 6-25 所示。

信息	Result 1	剖析	状态	
borrowid	bookid	readerid	borrowdate	num
B0001	C0001	S3006	2017-03-12 13:04:30	2
B0029	C0001	S1010	2017-11-16 14:50:57	1
B0021	C0002	S5001	2017-08-24 08:31:37	1
B0024	C0002	S7009	2017-09-22 09:02:17	1
B0033	C0002	S4002	2017-11-26 15:01:03	1
B0038	C0002	T4001	2018-01-12 13:43:51	1
B0060	C0002	T2001	2018-06-17 10:40:23	1
B0052	C0003	S7005	2018-04-12 14:44:42	1
B0009	C0004	S7005	2017-04-16 13:06:58	3
B0016	C0004	T3001	2017-07-22 15:56:17	1
B0045	C0004	T5001	2018-02-26 12:46:36	1
B0058	C0004	S6003	2018-06-06 09:18:58	1

图 6-25　将 borrow 数据表按照 bookid 和 borrowdate 字段排序

由图 6-25 可知，查询结果首先按 bookid 字段值升序排序，当遇到字段值相同的情况时，再按照 borrowdate 字段值升序排序。

（2）上一步骤中，查询结果按照默认情况下的升序进行排序，然而，在多字段排序中可以指定每个字段的排序顺序。接下来将查询结果按照 bookid 升序和 borrowdate 降序排序，执行如下代码。

```
SELECT *
FROM borrow
ORDER BY bookid ASC,borrowdate DESC;
```

运行结果如图 6-26 所示。

信息	Result 1	剖析	状态	
borrowid	bookid	readerid	borrowdate	num
B0029	C0001	S1010	2017-11-16 14:50:57	1
B0001	C0001	S3006	2017-03-12 13:04:30	2
B0060	C0002	T2001	2018-06-17 10:40:23	1
B0038	C0002	T4001	2018-01-12 13:43:51	1
B0033	C0002	S4002	2017-11-26 15:01:03	1
B0024	C0002	S7009	2017-09-22 09:02:17	1
B0021	C0002	S5001	2017-08-24 08:31:37	1
B0052	C0003	S7005	2018-04-12 14:44:42	1
B0058	C0004	S6003	2018-06-06 09:18:58	1
B0045	C0004	T5001	2018-02-26 12:46:36	1
B0016	C0004	T3001	2017-07-22 15:56:17	1
B0009	C0004	S7005	2017-04-16 13:06:58	3

图 6-26　按照 bookid 升序和 borrowdate 降序排序

6.3 使用统计函数查询

MySQL 提供了一些对数据进行分析的统计函数，因为有时我们需要的并不是某些具体数据，而是对数据的统计分析结果。例如，统计某个班级的总人数，某个部门的平均薪资等。MySQL 支持的统计函数及其作用见表 6-3，本节将介绍这些统计函数的作用和使用方法。

表 6-3　MySQL 支持的统计函数及其作用

函数	作用
COUNT()	统计数据表中记录的行数
SUM()	计算某一字段值的总和
AVG()	计算某一字段的平均值
MAX()	计算某一字段的最大值
MIN()	计算某一字段的最小值

6.3.1　COUNT()函数

COUNT()函数可以统计数据表中数据记录的行数，或者满足特定条件的数据记录的行数，其使用方式有如下两种。

- COUNT(*)计算数据表中数据记录的行数，包括值为 Null 的记录。
- COUNT(字段名)计算数据表中某一字段的行数，忽略值为 Null 的记录。

【例 6-18】查询数据表 readers 中男性读者的人数，以及记录了电话号码的人数，并返回结果。

（1）选择数据表 readers，查询性别为"男"的读者数据记录，然后使用 COUNT()函数计算查询结果总行数并返回结果，执行如下的 SQL 语句。

```
SELECT COUNT(*) AS COUNT_NUM
FROM 'readers'
WHERE gender='男';
```

运行结果如图 6-27 所示。

由运行结果可知，COUNT(*)返回 readers 数据表中所有男性读者记录的总行数，无论字段值是否为空，返回总数的列名都为 COUNT_NUM。

（2）查询性别为"男"的读者数据记录，然后使用 COUNT(tel)函数统计记录了电话号码的人数，执行如下代码。

```
SELECT COUNT(tel) AS COUNT_NUM
FROM 'readers'
WHERE gender='男';
```

运行结果如图 6-28 所示。

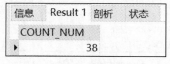

图 6-27　男性读者人数

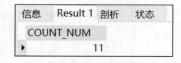

图 6-28　记录了电话号码的男性读者人数

由运行结果可知，COUNT(tel)在运行过程中忽略了 tel 字段值为 Null 的记录，返回 readers 数据表中记录了电话号码的男性读者的行数，返回行数的列名取为 COUNT_NUM。

6.3.2　SUM()函数

SUM()函数用来计算数据之和。通过该函数，可以计算指定字段或符合特定条件的字段值之和，计算时忽略 Null 值。

【例 6-19】查询数据表 books 中在库书籍的总册数，并返回结果。在库书籍的总册数即计算 books 数据表中 number 字段值的总和，执行如下的 SQL 语句。

```
SELECT SUM(number)
FROM books;
```

运行结果如图 6-29 所示。

【例 6-20】查询数据表 borrow 中读者编号为"T1001"的读者借书的总册数，并返回结果。为了获得该结果，首先需要查询出读者"T1001"的借阅信息，然后计算 num 字段值的总和，所得结果即"T1001"号读者借书的总册数，执行如下的 SQL 语句。

```
SELECT SUM(num)
FROM borrow
WHERE readerid='T1001';
```

运行结果如图 6-30 所示。

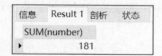

图 6-29　books 表中 number 字段值的总和

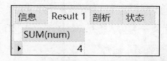

图 6-30　"T1001"号读者借书的总册数

6.3.3　AVG()函数

AVG()函数用来计算数据的平均值。通过该函数，可以计算指定字段或满足特定条件的字段的平均值，在计算过程中忽略 Null 值。下面通过一个具体示例说明 AVG()函数的使用方法。

【例 6-21】查询数据表 books 中书籍类型为"计算机"的平均在库册数，并返回结果。为了获得该结果，首先查询类型为"计算机"的书籍信息，然后计算 number 字段的平均值，具体的 SQL 语句如下。

```
SELECT AVG(number)
FROM books
WHERE type='计算机';
```

运行结果如图 6-31 所示。

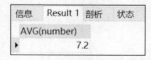

图 6-31　"计算机"类书籍的平均在库册数

6.3.4　MAX()和 MIN()函数

MAX()和 MIN()函数用来计算数据的最大值和最小值。通过这两个函数，可以分别计算指定字段或满足特定条件字段的最大值和最小值。下面通过一个具体示例说明 MAX()和 MIN()函数的使用方法。

【例 6-22】查询数据表 books 中书籍在库册数的最大值和最小值，并返回结果。具体 SQL 语句如下。

```
SELECT MAX(number),MIN(number)
FROM books;
```

执行结果如图 6-32 所示。

信息	Result 1	剖析	状态
MAX(number)		MIN(number)	
11		1	

图 6-32　书籍在库册数的最大值和最小值

6.4 分组数据查询

在对表中数据进行统计时，可能需要按照一定的类别进行统计，例如，统计每一类书籍的在库总册数。这时我们首先需要对书籍按类别进行分组，然后统计每一组书籍的在库册数总和。在 MySQL 中，通过关键字 GROUP BY 按照某个字段或者多个字段的值对数据进行分组，字段值相同的数据记录为一组，其基本语法格式如下。

```
SELECT 字段1,字段2,…
FROM 数据表名
GROUP BY 字段1,字段2,…
[HAVING 条件表达式];
```

在上述语法格式中，按照 GROUP BY 子句指定的字段 1、字段 2 的值对数据进行分组，按照 HAVING 子句指定的条件表达式对分组后的数据进行过滤。GROUP BY 关键字通常和统计函数一起使用，因为现实应用中经常会把所有数据记录进行分组，然后再对分组后的数据进行统计计算。本节将详细介绍 3 种常用的分组查询。

6.4.1 单字段分组查询

如果关键字 GROUP BY 后只有一个字段，则数据将按该字段的值进行分组，具体示例如下。

【例 6-23】将数据表 books 中的数据按照 type 字段值进行分组，执行如下的 SQL 语句。

```
SELECT *
FROM books
GROUP BY type;
```

运行结果如图 6-33 所示。

信息	Result 1	剖析	状态					
bookid	bookname	author	press	pubdate	type	number	info
C0001	大数据时代	维克托·迈尔	浙江人民出版社	2013-01-01	计算机	4	(Null)
E0001	高难度沟通:麻省理工高	贾森杰伊	中国友谊出版公司	2018-01-01	经济管理	6	(Null)
H0001	丝绸之路:一部全新的世	彼得弗兰科潘	浙江大学出版社	2016-10-01	历史	11	(Null)
L0001	高兴死了	珍妮罗森	江苏凤凰文艺出版社	2018-04-20	文学	2	(Null)
P0001	时间简史	史蒂芬·霍金	湖南科学技术出版社	2010-04-01	科普读物	8	(Null)
S0001	最好的告别	阿图·葛文德	浙江人民出版社	2015-07-01	社会科学	4	(Null)
T0001	新东方·四级词汇词根+	俞敏洪	浙江教育出版社	2015-03-01	教辅	4	(Null)

图 6-33　books 表中数据记录按照 type 字段进行分组

由图 6-33 可知，执行结果只显示了 7 条数据记录，这是因为 books 表中 type 字段有 7 种取值情况，所以将 books 表中的数据按照这 7 个值分成 7 组，然后显示每组中的第一条记录。如果希望显示每个分组中某个字段的所有取值，可以通过 GROUP_CONCAT()实现，下面通过一个具体示例说明。

【例 6-24】将数据表 books 中的数据按照 type 字段值进行分组，并显示每个分组中 bookname 字段的值，执行如下代码。

```
SELECT type,GROUP_CONCAT(bookname)
FROM books
GROUP BY type;
```

运行结果如图 6-34 所示。

type	GROUP_CONCAT(bookname)
历史	丝绸之路:一部全新的世界史,中国通史,半小时漫画世界史,人类简史:从动物到上帝
教辅	新东方·四级词汇词根+联想记忆法,新版赖世雄美语:美语音标,新版剑桥BEC考试真题集
文学	高兴死了,如父如子,清明上河图密码,巨人的陨落,侍女的故事
社会科学	最好的告别,简单的逻辑学,枪炮、病菌与钢铁:人类社会的命运,乡土中国
科普读物	时间简史,从一到无穷大:科学中的事实和臆测,万万没想到:用理工科思维理解世界,寂静的春天
经济管理	高难度沟通:麻省理工高人气沟通课,影响力,逆向管理:先行动后思考,见识,细节:如何轻松影响他人
计算机	大数据时代,深度学习,Python编程 从入门到实践,编程珠玑,算法导论

图 6-34　books 表按 type 字段分组后每组的 bookname 字段值

由图 6-34 可知，运行结果分为 7 组，type 字段显示每个分组的书籍类型，GROUP_CONCAT (bookname)字段显示每种类型的书籍名称。

如果仅使用关键字 GROUP BY 实现分组查询，意义并不大，因为每组的显示数据具有随机性。但是，与统计函数结合使用，可以统计出每个分组的各类数据。

【例 6-25】将数据表 books 中的数据按照 type 字段值进行分类，并计算每一类书籍各有多少种书，执行如下代码。

```
SELECT type,COUNT(*)
FROM books
GROUP BY type;
```

运行结果如图 6-35 所示。

由图 6-35 可知，运行结果分为 7 组，type 字段显示每个分组的书籍类型，COUNT(*)字段显示每一类书籍的总册数。

【例 6-26】将数据表 books 中的数据按照 type 字段值进行分类，并计算每类书籍在库数量的最大值和最小值，执行如下代码。

```
SELECT type,MAX(number),MIN(number)
FROM books
GROUP BY type;
```

运行结果如图 6-36 所示。

图 6-35　每种类型的书籍分别有多少本书

图 6-36　每类书籍在库数量的最大值和最小值

由图 6-36 可知，运行结果分为 7 组，type 字段显示每个分组的书籍类型，MAX(number) 字段显示每一类书籍在库数量的最大值，MIN(number)字段显示每一类书籍在库数量的最小值。

6.4.2　多字段分组查询

使用 GROUP BY 可以对多个字段按层次进行分组。首先按第一个字段分组，然后在第一个字段值相同的每个分组中再根据第二个字段值进行分组，以此类推。

【例 6-27】将数据表 books 中的数据按照 type 和 press 字段进行分组。

（1）使用关键字 GROUP BY 对 books 数据表按照 type 和 press 字段进行分组，执行如下代码。

```
SELECT *
FROM books
GROUP BY type,press;
```

运行结果如图 6-37 所示。

图 6-37　按照 type 和 press 字段对 books 表中的数据进行分组

由图 6-37 可知，先按照 type 字段值进行分组，再对 press 字段按不同的取值进行分组。

（2）使用统计函数计算每个分组记录的条数，执行如下代码。

```
SELECT type,press,COUNT(*)
FROM books
GROUP BY type,press;
```

运行结果如图 6-38 所示。

信息	Result 1	剖析	状态

type	press	COUNT(*)
计算机	浙江人民出版社	1
计算机	人民邮电出版社	3
计算机	机械工业出版社	1
经济管理	中国友谊出版公司	1
经济管理	北京联合出版公司	2
经济管理	中信出版社	2
历史	浙江大学出版社	1
历史	中国华侨出版社	1
历史	江苏凤凰文艺出版社	1
历史	中信出版社	1

图 6-38 按照 type 和 press 字段分组后每组记录的条数

6.4.3 HAVING 子句限定分组查询

HAVING 关键字和 WHERE 关键字都用于设置条件表达式，两者的区别在于，HAVING 关键字后可以有统计函数，而 WHERE 关键字不能。WHERE 子句的作用是在对查询结果进行分组前，将不符合 WHERE 条件子句的行去掉，即在分组之前过滤数据。HAVING 子句的作用是筛选满足条件的组，即在分组之后过滤数据。

【例 6-28】将数据表 books 中的数据按照 type 字段进行分组，并查询书籍在库数量总和大于 20 的分组。

（1）使用关键字 GROUP BY 对 books 数据表按照 type 字段进行分组，并显示每组的 bookids，执行如下代码。

```
SELECT GROUP_CONCAT(bookid) AS bookids,type
FROM books
GROUP BY type ;
```

运行结果如图 6-39 所示。

（2）使用 HAVING 子句过滤出每个分组中 number 字段值总和大于 20 的分组，执行如下代码。

```
SELECT GROUP_CONCAT(bookid) AS bookids,type
FROM books
GROUP BY type
HAVING SUM(number)>20;
```

运行结果如图 6-40 所示。

信息	Result 1	剖析	状态

bookids	type
H0001,H0002,H0003,H0004	历史
T0001,T0002,T0003	教辅
L0001,L0002,L0003,L0004,L0005	文学
S0001,S0002,S0003,S0004	社会科学
P0001,P0002,P0003,P0004	科普读物
E0001,E0002,E0003,E0004,E0005	经济管理
C0001,C0002,C0003,C0004,C0005	计算机

图 6-39 按 type 字段分组后每个分组的 bookids

信息	Result 1	剖析	状态

bookids	type
H0001,H0002,H0003,H0004	历史
S0001,S0002,S0003,S0004	社会科学
P0001,P0002,P0003,P0004	科普读物
E0001,E0002,E0003,E0004,E0005	经济管理
C0001,C0002,C0003,C0004,C0005	计算机

图 6-40 按 type 字段分组后书籍在库数量总和大于 20 的分组

由图 6-40 的查询结果可知，按书籍类型分组后，在库数量总和大于 20 的有历史、社会科学、科普读物、经济管理、计算机这 5 类书。

6.5　连接查询

为了便于用户操作，MySQL 提供了两种语法方式实现连接查询：一种方式是在 FROM 子句中将多个表用逗号“，”连接起来，在 WHERE 子句中通过条件表达式实现表的连接，这种方法是早期 MySQL 使用的连接语法形式；另一种方式是在 FROM 子句中使用关键字“JOIN...ON”，连接条件写在关键字 ON 之后，且 MySQL 推荐使用这种连接方式。本节将详细介绍内连接查询和外连接查询。

6.5.1　内连接查询

内连接（Inner Join）又称简单连接或自然连接，是一种常见的关系运算。内连接使用条件运算符对两个表中的数据进行比较，并将符合连接条件的数据记录组合成新的数据记录。在 MySQL 中使用内连接查询的具体语法形式如下。

```
SELECT 字段 1, 字段 2, …
FROM 数据表 1 INNER JOIN 数据表 2 [INNER JOIN 数据表 3 …]
ON 数据表 1.列名 条件运算符 数据表 2.列名;
```

上述语法格式中，字段 1、字段 2 等表示要查询的字段名字，来源于连接的数据表 1 和数据表 2。关键字 INNER JOIN 将数据表 1 和数据表 2 进行内连接。ON 子句中的数据表 1.列名和数据表 2.列名表示两个数据表的公共列，两者之间的条件运算符常用的有=、<>、>、<、>=、<=。根据连接条件运算符，可将内连接分为如下两类。

- 等值连接。
- 不等值连接。

内连接查询中的等值连接就是在连接条件中使用等于号“=”运算符比较被连接列的列值，其查询结果中列出被连接表中的所有列，包括其中的重复列。下面用一个具体示例说明等值连接查询的用法。

【例 6-29】查询 readerid 为“S1001”的读者所有的借阅书籍，并显示书籍 id、读者 id 和读者姓名。

（1）根据所需查询字段的来源可知，我们需要查询两张表——borrow 数据表和 readers 数据表，然后确定连接条件是 borrow.readerid = readers.readerid，具体的 SQL 语句如下。

```
SELECT readername,readers.readerid,bookid
FROM readers INNER JOIN borrow
ON borrow.readerid = readers.readerid;
```

运行结果如图 6-41 所示。

由图 6-41 可知，查询结果显示了读者姓名、读者 id 以及所借书籍 id。这里需要注意的是，如果连接的数据表中有相同的字段名，使用这些字段时一定要指明所属表名。borrow 和 readers 数据表中都存在名为 readerid 的字段，所以在书写连接条件时需要指定表名和列名，即 borrow.readerid = readers.readerid。同样，在 SELECT 后面指定需要查询的字段

readers.readerid 时也需要指定表名，如果仅给出 readerid，MySQL 将无法判断需要哪张表的 readerid 字段，于是就会返回错误信息，如图 6-42 所示。

readername	readerid	bookid
▶ 甘清波	S3006	C0001
郭鹏	S1005	C0005
万强	T1001	T0002
殷欣	S3004	T0001
李奇丰	S6004	T0001
邓海	S6003	P0004
黄佳伟	S3007	P0002
王阳新	S7001	H0004
连子铭	S7005	C0004
王成林	S7003	L0004
郑天舒	S3008	E0001

图 6-41　每位读者所借书籍的 bookid

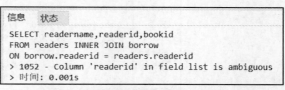

```
SELECT readername,readerid,bookid
FROM readers INNER JOIN borrow
ON borrow.readerid = readers.readerid
> 1052 - Column 'readerid' in field list is ambiguous
> 时间: 0.001s
```

图 6-42　无法判断需要查询哪张表的 readerid 字段

（2）使用关键字 WHERE 过滤上一步骤的查询结果，查询 readerid 为"S1001"的读者所借书籍的 bookid。具体的 SQL 语句如下。

```
SELECT readername,bookid,readers.readerid
FROM readers INNER JOIN borrow
ON borrow.readerid = readers.readerid
WHERE borrow.readerid='S1001';
```

运行结果如图 6-43 所示。

（3）上述 SQL 语句使用"INNER JOIN"连接语法形式实现，通过"SELECT FROM WHERE"也可以达到同样的查询效果。具体的 SQL 语句如下。

```
SELECT readername,bookid,readers.readerid
FROM borrow,readers
WHERE borrow.readerid=readers.readerid AND borrow.readerid='S1001';
```

运行结果如图 6-44 所示。

readername	bookid	readerid
▶ 胡峰	P0003	S1001
胡峰	C0001	S1001
胡峰	C0005	S1001

图 6-43　使用"INNER JOIN"查询 S1001
读者所借书籍的 bookid

readername	bookid	readerid
▶ 胡峰	P0003	S1001
胡峰	C0001	S1001
胡峰	C0005	S1001

图 6-44　使用"SELECT FROM WHERE"查询
S1001 读者所借书籍的 bookid

由图 6-44 可知，虽然 SQL 语句内容不同，但是查询结果一致，所以，MySQL 中的两种连接查询 SQL 语句都可以实现连接查询。

上述示例中，连接表有两个，下面通过一个示例说明如何实现多表等值连接查询。

【例 6-30】查询 readerid 为"S1001"的读者所有的借阅书籍，并显示读者姓名、读者 id、书籍 id 以及书籍名称。

（1）根据所需查询字段的来源可知，我们需要查询 3 张表——borrow 数据表、readers 数据表以及 books 数据表，然后确定连接条件是 borrow.readerid = readers.readerid 和 borrow.bookid = books.bookid，连接这 3 张数据表可以得到每个读者所借书籍的信息，具体 SQL 语句如下。

```
SELECT readers.readerid,readername,books.bookid,bookname
FROM readers INNER JOIN borrow INNER JOIN books
ON readers.readerid = borrow.readerid AND borrow.bookid = books.bookid;
```

运行结果如图 6-45 所示（鉴于篇幅限制，该图中仅展示部分读者对应的信息）。

readerid	readername	bookid	bookname
S3006	甘清波	C0001	大数据时代
S1005	郭鹏	C0005	算法导论
T1001	万强	T0002	新版赖世雄美语:美语音标
S3004	殷欣	T0001	新东方·四级词汇词根+联想记忆法
S6004	李奇丰	T0001	新东方·四级词汇词根+联想记忆法
S6003	邓海	P0004	寂静的春天
S3007	黄佳伟	P0002	从一到无穷大:科学中的事实和臆测
S7001	王阳新	H0004	人类简史:从动物到上帝
S7005	连子铭	C0004	编程珠玑
S7003	王成林	L0004	巨人的陨落
S3008	郑天舒	E0001	高难度沟通:麻省理工高人气沟通课

图 6-45　每位读者所借书籍 id 和书籍名称

（2）使用关键字 WHERE 过滤上一步骤的查询结果，查询 readerid 为"S1001"的读者所借书籍的 bookid 和 bookname。具体的 SQL 语句如下。

```
SELECT readers.readerid,readername,books.bookid,bookname
FROM readers INNER JOIN borrow INNER JOIN books
ON readers.readerid = borrow.readerid AND borrow.bookid = books.bookid
WHERE readers.readerid='S1001';
```

运行结果如图 6-46 所示。

readerid	readername	bookid	bookname
S1001	胡峰	P0003	万万没想到:用理工科思维理解世界
S1001	胡峰	C0001	大数据时代
S1001	胡峰	C0005	算法导论

图 6-46　readerid 为"S1001"的读者所借书籍信息

（3）上述 SQL 语句使用"INNER JOIN"连接语法形式实现，通过"SELECT FROM WHERE"也可以达到同样的查询效果。具体的 SQL 语句如下。

```
SELECT readers.readerid,readername,books.bookid,bookname
FROM readers,borrow,books
WHERE readers.readerid = borrow.readerid AND borrow.bookid = books.bookid AND
readers.readerid='S1001';
```

运行结果如图 6-46 所示。

内连接查询中的不等连接就是在连接条件中使用除等于号 "="之外的运算符比较被连接列的列值，可以使用的关系运算符有<>、>、<、>=、<=。其查询结果中列出被连接表中的所有列，包括其中的重复列。下面用一个具体示例说明等值连接查询的用法。

6.5.2 外连接查询

内连接查询中返回的查询结果只包含符合查询条件和连接条件的数据，然而，有时还需要包含左表（左外连接）或右表（右外连接）中的所有数据，此时就需要使用外连接查询。外连接查询的具体语法形式如下。

```
SELECT 字段 1，字段 2，…
FROM 数据表 1 LEFT|RIGHT [OUTER] JOIN 数据表 2
ON 连接条件;
```

上述语句中，字段 1 和字段 2 来源于数据表 1 和数据表 2，关键字 OUTER JOIN 表示进行外连接，ON 子句表示连接条件。根据关键字可将外连接查询分为以下两类。

- 左外连接查询：返回左表中的所有记录和右表中符合连接条件的记录。
- 右外连接查询：返回右表中的所有记录和左表中符合连接条件的记录。

左外连接查询是指在连接两张数据表时，以关键字 LEFT JOIN 左边的表为参考表。左外连接的结果不仅包括满足连接条件的记录，还包括左表的所有记录。如果左表中的某一行记录在右表中没有匹配的记录，则在连接结果中该行记录对应的右表字段值均为空值。下面用一个具体示例说明左外连接查询的使用方法。

【例 6-31】查询没有借阅书籍的读者，并显示读者的 id、姓名。

（1）由于需要查询所有的读者信息，所以查询结果要包含 readers 数据表中的所有记录。然而，有些读者可能没有借阅书籍，如果使用内连接查询，会造成读者信息缺失，所以这里需要使用外连接查询，并且以 readers 数据表为参照表。执行以下 SQL 语句：

```
SELECT *
FROM readers LEFT OUTER JOIN borrow
ON readers.readerid = borrow.readerid;
```

运行结果如图 6-47 所示。

信息	Result 1	剖析	状态								
readerid	readername	identity	gender	school	tel	borrowid	bookid	readerid(1)	borrowdate	num
▶ S1001	胡峰	学生	男	计算机学院	158236709	B0030	P0003	S1001	2017-11-16 16:4	1
S1001	胡峰	学生	男	计算机学院	158236709	B0066	C0001	S1001	2018-10-04 20:0	1
S1001	胡峰	学生	男	计算机学院	158236709	B0067	C0005	S1001	2018-09-21 20:0	1
S1002	包藤穗	学生	女	计算机学院	135679076	(Null)	(Null)	(Null)	(Null)	(Null)
S1003	王文革	学生	男	计算机学院	137989687	B0049	H0002	S1003	2018-03-27 13:2	1
S1004	高文丽	学生	女	计算机学院	(Null)	(Null)	(Null)	(Null)	(Null)	(Null)
S1005	郭鹏	学生	男	计算机学院	(Null)	B0002	C0005	S1005	2017-04-16 09:1	2
S1006	周然	学生	女	计算机学院	(Null)	(Null)	(Null)	(Null)	(Null)	(Null)
S1007	汪凯旋	学生	男	计算机学院	137289745	B0044	T0001	S1007	2018-02-22 12:1	2
S1008	常静	学生	女	计算机学院	135980934	(Null)	(Null)	(Null)	(Null)	(Null)
S1009	张慧敏	学生	女	计算机学院	158587680	(Null)	(Null)	(Null)	(Null)	(Null)

图 6-47　读者信息以及相应的借阅信息

由图 6-47 可知，查询结果显示出所有读者信息，以及对应的借阅信息。由于某些读者没有借阅书籍，所以对应的借阅信息字段值均为 NULL，如读者"S1004""S1006""S1010"等。

（2）使用 WHERE 子句过滤出 borrowid 为 NULL 的记录，即可获得没有借阅书籍的读者 id 和读者姓名。具体的 SQL 语句如下。

```
SELECT readers.readerid,readername,borrowid,bookid
FROM readers LEFT OUTER JOIN borrow
ON readers.readerid = borrow.readerid
WHERE borrowid IS NULL;
```

运行结果如图 6-48 所示。

右外连接查询是指在连接两张数据表时，以关键字 RIGHT JOIN 右边的表为参考表。右外连接的结果不仅包括满足连接条件的记录，还包括右表的所有记录。如果右表中的某一行记录在左表中没有匹配的记录，则在连接结果中该行记录对应的左表字段值均为空值。下面用一个具体示例说明右外连接查询的使用方法。

【例 6-32】查询出没有被读者借阅的书籍 id 和书籍名称。

（1）分析查询需求可知，首先需要查询所有书籍被借阅的情况，涉及 books 和 readers 数据表。因为可能存在一些书籍没有被借阅，所以不能使用内连接查询，会造成数据缺失。这里需要使用外连接查询，并且以 books 数据表为参考表，具体的 SQL 语句如下。

信息	Result 1	剖析	状态	
readerid	readername	borrowid	bookid	
▶ S1002	包藤穗	(Null)	(Null)	
S1004	高文丽	(Null)	(Null)	
S1006	周然	(Null)	(Null)	
S1008	常静	(Null)	(Null)	
S1009	张慧敏	(Null)	(Null)	
S1011	罗娇	(Null)	(Null)	
S1012	崔世婷	(Null)	(Null)	
S2001	郭梦婷	(Null)	(Null)	
S3001	熊继春	(Null)	(Null)	
S4001	陈英	(Null)	(Null)	

图 6-48 没有借阅书籍的读者 id 和读者姓名

```
SELECT borrowid,borrow.readerid,borrow.bookid,books.bookid,bookname
FROM borrow RIGHT OUTER JOIN books
ON borrow.bookid = books.bookid;
```

运行结果如图 6-49 所示。

信息	Result 1	剖析	状态	
borrowid	readerid	bookid	bookid(1)	bookname
B0058	S6003	C0004	C0004	编程珠玑
B0002	S1005	C0005	C0005	算法导论
B0067	S1001	C0005	C0005	算法导论
B0011	S3008	E0001	E0001	高难度沟通:麻省理工高人
B0065	T3001	E0002	E0002	影响力
(Null)	(Null)	(Null)	E0003	逆向管理:先行动后思考
(Null)	(Null)	(Null)	E0004	见识
B0018	T1005	E0005	E0005	细节:如何轻松影响他人
B0048	S4006	E0005	E0005	细节:如何轻松影响他人
B0050	S2003	E0005	E0005	细节:如何轻松影响他人

图 6-49 所有书籍的被借阅信息

（2）使用 WHERE 子句过滤出 borrowid 为 NULL 的记录，即可获得没有被借阅的书籍 id 和书籍名称。具体的 SQL 语句如下。

```
SELECT borrowid,borrow.readerid,borrow.bookid,books.bookid,bookname
FROM borrow RIGHT OUTER JOIN books
```

```
ON borrow.bookid = books.bookid
WHERE borrow.borrowid IS NULL;
```

运行结果如图 6-50 所示。

信息	Result 1	剖析	状态		
borrowid	readerid	bookid	bookid(1)	bookname	
(Null)	(Null)	(Null)	E0003	逆向管理:先行动后思考	
(Null)	(Null)	(Null)	E0004	见识	
(Null)	(Null)	(Null)	S0004	乡土中国	

图 6-50　没有被读者借阅的书籍 id 和书籍名称

由图 6-50 可知，查询结果显示没有被读者借阅的书籍有"逆向管理:先行动后思考""见识"
"乡土中国"这 3 本书。

6.6　子查询

子查询是指一个查询语句嵌套在另一个查询语句内部的查询,即在一个 SELECT 查询语句的
WHERE 或 FROM 子句中包含另一个 SELECT 查询语句。其中外层 SELECT 查询语句称为主查
询，WHERE 或 FROM 子句中的 SELECT 查询语句被称为子查询。执行查询语句时,首先会执
行子查询中的语句，然后将查询结果作为外层查询的过滤条件。子查询中常用的操作符有
ANY(SOME)、ALL、IN、EXISTS。本节将详细介绍如何在 SELECT 语句中嵌套子查询。

6.6.1　带 IN 关键字的子查询

当主查询的条件是子查询的查询结果时，就可以通过关键字 IN 进行判断。相反，如果主查询的
条件不是子查询的查询结果时，就可以通过关键字 NOT IN 实现。下面通过一个具体示例加以说明。
【例 6-33】查询所有被读者借阅的书籍信息。
（1）首先通过 SELECT 语句查询 borrow 数据表中所有被借阅书籍的 bookid，执行如下 SQL
语句。

```
SELECT DISTINCT bookid
FROM borrow;
```

运行结果如图 6-51 所示。

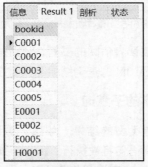

信息	Result 1	剖析	状态
bookid			
C0001			
C0002			
C0003			
C0004			
C0005			
E0001			
E0002			
E0005			
H0001			

图 6-51　所有被借阅书籍的 bookid

查询结果显示出所有被借阅书籍的 bookid。

（2）将上一步骤的查询结果作为查询 books 数据表中被读者借阅书籍的过滤条件，可以在主查询的 WHERE 子句中嵌入以上查询语句。执行如下的 SQL 语句：

```
SELECT *
FROM books
WHERE bookid IN (
SELECT DISTINCT bookid FROM borrow);
```

运行结果如图 6-52 所示。

bookid	bookname	author	press	pubdate	type	number	info
C0001	大数据时代	维克托·迈尔	浙江人民出版社	2013-01-01	计算机	4	(Null)
C0002	深度学习	伊恩·古德费洛	人民邮电出版社	2017-08-01	计算机	6	(Null)
C0003	Python编程 从入门	埃里克·马瑟斯	人民邮电出版社	2016-07-01	计算机	7	(Null)
C0004	编程珠玑	Jon Bentley	人民邮电出版社	2015-01-09	计算机	10	(Null)
C0005	算法导论	Thomas H.Corme	机械工业出版社	2013-07-01	计算机	9	(Null)
E0001	高难度沟通:麻省理	贾森杰伊	中国友谊出版公司	2018-01-01	经济管理	6	(Null)
E0002	影响力	罗伯特西奥迪尼	北京联合出版公司	2016-09-01	经济管理	5	(Null)
E0005	细节:如何轻松影响	罗伯特西奥迪尼	中信出版社	2016-11-20	经济管理	7	(Null)
H0001	丝绸之路:一部全新	彼得弗兰科潘	浙江大学出版社	2016-10-01	历史	11	(Null)
H0002	中国通史	吕思勉	中国华侨出版社	2016-06-01	历史	10	(Null)
H0003	半小时漫画世界史	陈磊	江苏凤凰文艺出版	2018-04-20	历史	6	(Null)

图 6-52　所有被读者借阅的书籍信息

（3）使用 NOT IN 关键字查询没有被读者借阅的书籍信息，执行如下的 SQL 语句：

```
SELECT *
FROM books
WHERE bookid NOT IN (
SELECT DISTINCT bookid FROM borrow);
```

运行结果如图 6-53 所示。

bookid	bookname	author	press	pubdate	type	number	info
E0003	逆向管理:先行动后	艾米尼亚伊贝拉	北京联合出版公司	2016-07-01	经济管理	4	(Null)
E0004	见识	吴军	中信出版社	2018-03-01	经济管理	6	(Null)
S0004	乡土中国	费孝通	北京大学出版社	2016-07-01	社会科学	2	(Null)

图 6-53　没有被读者借阅的书籍信息

由图 6-53 可知，有 3 本没有被读者借阅的书籍，分别是"逆向管理:先行动后思考""见识""乡土中国"。由此可知，关键字 NOT IN 的查询结果与关键字 IN 的查询结果相反。

6.6.2　带 EXISTS 关键字的子查询

关键字 EXISTS 返回一个布尔类型的结果。如果子查询结果至少能够返回一行记录，则 EXISTS 的结果为 true，此时主查询语句将被执行；反之，如果子查询结果没有返回任何一行记录，则 EXISTS 的结果为 false，此时主查询语句将不被执行。下面用一个具体示例说明 EXISTS

的使用方法。

【例 6-34】如果书籍"C0001"被读者借阅,那么查询出"计算机"类书籍的基本信息。

（1）首先通过 SELECT 语句查询出 borrow 数据表中 bookid 为"C0001"的借阅信息,执行如下 SQL 语句:

```
SELECT *
FROM borrow
WHERE bookid='C0001';
```

运行结果如图 6-54 所示。

图 6-54　书籍"C0001"的借阅信息

（2）将上一步骤的查询语句作为主查询的 EXISTS 子查询,判断"C0001"书籍是否被借阅,并且与 type='计算机'同时作为主查询的查询条件,具体的 SQL 语句如下。

```
SELECT *
FROM books
WHERE type='计算机' AND EXISTS(
SELECT * FROM borrow WHERE bookid='C0001');
```

运行结果如图 6-55 所示。

图 6-55　例 6-31 的查询结果

由图 6-55 可知,查询结果显示出所有"计算机"类书籍信息。子查询结果表明,borrow 数据表中存在 bookid='C0001'的记录,因此 EXISTS 表达式的返回结果为 true。主查询接收子查询结果 true 之后根据查询条件 type='计算机'对数据表 books 进行查询,返回所有的计算机类书籍信息。

NOT EXISTS 与 EXISTS 的作用相反,如果子查询至少返回一行记录,则 NOT EXISTS 的结果为 false,此时主查询语句将不被执行。反之,如果子查询不返回任何记录,则 NOT EXISTS 的结果为 true,此时主查询将被执行。

【例 6-35】当书籍"C0001"没有被读者借阅,请查询出"计算机"类书籍的基本信息。执行如下 SQL 语句:

```
SELECT *
FROM books
WHERE type='计算机' AND NOT EXISTS(
SELECT * FROM borrow WHERE bookid='C0001');
```

运行结果如图 6-56 所示。

信息 Result 1 剖析 状态

bookid	bookname	author	press	pubdate	type	number	info
(Null)	(Null)	(Null)	(Null)	(Null)	(Null)	(Null)	(Null)

图 6-56 例 6-32 的查询结果

子查询结果至少返回一行记录，因此 NOT EXISTS 表达式的返回结果为 false。主查询不被执行，所以查询结果没有返回任何记录。

6.6.3 带 ANY 关键字的子查询

关键字 ANY 表示主查询需要满足子查询结果的任一条件。使用 ANY 关键字时，只要满足子查询结果中的任意一条，就可以通过该条件执行外层查询语句。ANY 关键字通常与比较运算符一起使用，>ANY 表示大于子查询结果记录中的最小值；=ANY 表示等于子查询结果记录中的任何一个值；<ANY 表示小于子查询结果记录中的最大值。

【例 6-36】查询 books 数据表中在库数量大于计算机类书籍的书籍信息。

（1）首先通过 SELECT 语句查询出 books 数据表中计算机类书籍的在库数量，执行如下 SQL 语句：

```
SELECT number
FROM books
WHERE type='计算机';
```

运行结果如图 6-57 所示。

信息 Result 1 剖析 状态

number
4
6
7
10
9

图 6-57 计算机类书籍的在库数量

（2）将上一步骤的查询结果作为主查询的查询条件，查询出在库数量不小于计算机类书籍的书籍信息，具体的 SQL 语句如下：

```
SELECT *
FROM books
WHERE number>ANY(
SELECT number FROM books WHERE type='计算机');
```

运行结果如图 6-58 所示。

图 6-58 在库数量不低于计算机类书籍的书籍信息

由图 6-58 可知，查询结果显示出在库数量大于 4 的书籍信息。由子查询结果图 6-58 可知，计算机类书籍在库数量的最小值为 4，主查询根据子查询结果对 books 数据表进行查询，返回在库数量大于 4 的书籍信息。

6.6.4 带 ALL 关键字的子查询

关键字 ALL 表示主查询需要满足所有子查询结果的所有条件。使用 ALL 关键字时，只有满足子查询语句返回的所有结果，才能执行外层查询语句。该关键字通常有两种使用方式：一种是 >ALL，表示大于子查询结果记录中的最大值；另一种是 <ALL，表示小于子查询结果记录中的最小值。

【例 6-37】查询 books 数据表中哪些书籍的在库数量大于计算机类书籍的最大在库数量。执行如下 SQL 语句。

```
SELECT *
FROM books WHERE number>ALL(
SELECT number FROM books WHERE type='计算机');
```

运行结果如图 6-59 所示。

图 6-59 大于计算机类书籍的最大在库数量的书籍

由例 6-33 可知，计算机类书籍的最大在库数量为 10。本例中，主查询根据子查询结果对 books 数据表进行查询，查询结果返回在库数量大于 10 的书籍，分别是"丝绸之路:一部全新的世界史"和"万万没想到:用理工科思维理解世界"。

6.6.5 带比较运算符的子查询

子查询可以使用比较运算符，这些运算符包括=、!=、>、<、>=、<=和<>，其中!=和<>是等价的。比较运算符在子查询中应用非常广泛，下面用具体示例说明子查询中比较运算符的使用方法。

【例 6-38】查询姓名为"胡峰"的读者借阅的书籍信息。

（1）首先通过 readers 数据表查询出"胡峰"的读者 id，执行如下 SQL 语句。

```
SELECT readerid
FROM readers
WHERE readername='胡峰';
```

运行结果如图 6-60 所示。

（2）根据上一步骤的查询结果，查询 borrow 数据表中 readerid 为"S1001"的 bookid，执行如下 SQL 语句。

```
SELECT bookid
FROM borrow
WHERE readerid=(
SELECT readerid FROM readers WHERE readername='胡峰');
```

运行结果如图 6-61 所示。

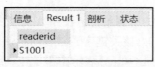

图 6-60 "胡峰"的读者 id

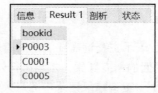

图 6-61 "胡峰"借阅的书籍的 bookid

（3）以上一步骤的查询结果作为查询条件，查询 books 数据表中 bookid 分别为"P0003""C0001"和"C0005"的记录。具体的 SQL 语句如下。

```
SELECT *
FROM books
WHERE bookid IN(
SELECT bookid FROM borrow WHERE readerid=(
SELECT readerid FROM readers WHERE readername='胡峰'));
```

运行结果如图 6-62 所示。

bookid	bookname	author	press	pubdate	type	number	info
P0003	万万没想到:用理工	万维钢	电子工业出版社	2014-10-01	科普读物	11	(Null)
C0001	大数据时代	维克托·迈尔	浙江人民出版社	2013-01-01	计算机	4	(Null)
C0005	算法导论	Thomas H.Cc	机械工业出版社	2013-07-01	计算机	9	(Null)

图 6-62 "胡峰"借阅的书籍信息

6.7 合并查询结果

合并查询结果时将多条 SELECT 语句的查询结果合并到一起组合成单个结果集。进行合并操作时，两个结果集对应的列数和数据类型必须相同。每个 SELECT 语句之间使用 UNION 或 UNION ALL 关键字分隔。UNION 关键字会去除合并结果集中重复的数据记录，而 UNION ALL 关键字不会，其语法规则如下。

```
SELECT 语句 1
UNION|UNION ALL
SELECT 语句 2
UNION|UNIION ALL…
SELECT 语句 n;
```

【例 6-39】在 books 数据表中查询"人民邮电出版社"和"机械工业出版社"出版书籍的基本信息。执行如下 SQL 语句：

```
SELECT * FROM books WHERE press='人民邮电出版社'
UNION
SELECT * FROM books WHERE press='机械工业出版社';
```

运行结果如图 6-63 所示。

信息	Result 1	剖析	状态					
bookid	bookname	author	press	pubdate	type	number	info
▶ C0002	深度学习	伊恩·古德费洛	人民邮电出版社	2017-08-01	计算机	6	(Null)
C0003	Python编程	埃里克·马瑟斯	人民邮电出版社	2016-07-01	计算机	7	(Null)
C0004	编程珠玑	Jon Bentley	人民邮电出版社	2015-01-09	计算机	10	(Null)
C0005	算法导论	Thomas H.Cc	机械工业出版社	2013-07-01	计算机	9	(Null)

图 6-63　例 6-36 查询结果

【例 6-40】在 borrow 数据表中查询借阅了"C0001"和"C0002"的读者 id。

（1）首先使用 SELECT 语句分别查询 bookid 为"C0001"和"C0002"的读者 id，然后使用 UNION ALL 关键字将两个查询语句连接起来，具体的 SQL 语句如下。

```
SELECT readerid FROM borrow WHERE bookid='C0001'
UNION ALL
SELECT readerid FROM borrow WHERE bookid='C0002';
```

运行结果如图 6-64 所示。

由图 6-64 可知，UNION ALL 仅将两个查询结果简单地合并到一起，其中有重复数据记录"S1001"和"T2001"。

（2）使用 UNION 关键字将两个查询语句连接起来，去除重复查询结果记录，具体的 SQL 语句如下。

```
SELECT readerid FROM borrow WHERE bookid='C0001'
UNION
SELECT readerid FROM borrow WHERE bookid='C0002';
```

运行结果如图 6-65 所示。

图 6-64　未去除重复 readerid 的查询结果

图 6-65　去除重复 readerid 的查询结果

本章小结

　　本章主要介绍 MySQL 软件对数据表进行查询的操作，具体包括单表查询、使用统计函数查询、分组查询、连接查询、子查询和合并查询结果等。本章对单表查询，详细讲解了简单数据查询操作，使用 DISTINCT 关键字去除重复查询记录，限制查询结果数量，使用关键字 ORDER BY 对查询结果排序以及对条件数据查询；对使用统计函数查询，详细介绍了统计函数的作用和带统计功能的查询；对于分组查询，详细介绍了单字段分组查询和多字段分组查询，以及带 HAVING 子句限定的分组查询；对连接查询，详细介绍了内连接和外连接查询；对子查询，详细介绍了带关键字 IN、EXISTS、ANY、ALL，以及带比较运算符的子查询。最后，本章详细介绍了如何使用关键字 UNION 合并多个查询结果。通过本章的学习，读者能掌握各类数据查询的方法。

实训项目

一、实训目的

掌握根据不同条件对表数据进行查询的方法，以及在图形界面工具中对数据表进行查询的操作。

二、实训内容

针对教务管理系统数据库 ems 完成如下操作。

1. 查询 student 数据表的所有记录（见图 6-66）。

图 6-66　students 数据表中的所有记录

代码如下。

```
SELECT *
FROM students;
```

2. 查询 students 数据表中第 3 行到第 7 行的数据记录（见图 6-67）。

| 信息 | Result 1 | 剖析 | 状态 |

studentid	studentname	classname	gender
▸180103	陈莎	JAVA1801	女
180104	汪一娟	JAVA1801	女
180105	朱杰礼	JAVA1801	男
180106	李文赞	JAVA1801	男
180107	张鑫源	JAVA1801	男

图 6-67　students 数据表中第 3 行到第 7 行的数据记录

代码如下。

```
SELECT *
FROM studen
LIMIT 2,5;
```

3. 查询 teachers 表中所有男老师的基本信息（见图 6-68）。

代码如下。

```
SELECT *
FROM teachers
WHERE gender='男';
```

4. 查询 "Z001" 课程成绩不及格的学生 id 和所得成绩（见图 6-69）。

| 信息 | Result 1 | 剖析 | 状态 |

teacherid	teachername	gender	title	department
▸25306	赵复前	男	讲师	基础课部
36762	胡祥	男	副教授	软件测试
66997	章梓雷	男	讲师	软件测试
78896	黄阳	男	讲师	基础课部
86811	胡冬	男	讲师	.NET
88771	许杰	男	教授	JAVA

图 6-68　teachers 表中所有男老师的基本信息

| 信息 | Result 1 | 剖析 | 状态 |

studentid	score
▸180102	52
180103	58
180105	57
180106	58
180108	51
180112	55
180113	55
180116	51
180122	58

图 6-69　"Z001" 课程成绩不及格的学生 id 和所得成绩

代码如下。

```
SELECT studentid,score
FROM score
WHERE courseid='Z001' AND score < 60;
```

5. 将"Z001"课程成绩按从高到低顺序排序（见图6-70）。

代码如下。

```
SELECT *
FROM score
WHERE courseid='Z001'
ORDER BY score DESC;
```

6. 从 students 数据表中查询每个班级的学生人数（见图6-71）。

信息	Result 1	剖析	状态
studentid	courseid	score	
▶ 180119	Z001	99	
180114	Z001	94	
180140	Z001	92	
180127	Z001	92	
180110	Z001	92	
180111	Z001	91	
180125	Z001	88	
180131	Z001	86	
180101	Z001	86	
180138	Z001	84	
180126	Z001	83	

图6-70　将"Z001"课程成绩按从高到低顺序排序

信息	Result 1	剖析	状态
classname	COUNT(*)		
▶ .NET1801	18		
.NET1802	23		
JAVA1801	21		
JAVA1802	19		
测试1801	19		

图6-71　students 数据表中每个班级的学生人数

代码如下。

```
SELECT classname,COUNT(*)
FROM students
GROUP BY classname;
```

7. 根据 score 数据表计算每门课程的最高分、最低分和平均分（见图6-72）。

信息	Result 1	剖析	状态
courseid	MAX(score)	MIN(score)	AVG(score)
▶ J001	100	50	75.56
Z001	99	51	70.25
Z002	99	51	70.0732
Z003	100	52	77.6441
Z004	96	51	73.75

图6-72　每门课程的最高分、最低分和平均分

代码如下。

```
SELECT courseid,MAX(score),MIN(score),AVG(score)
FROM score
GROUP BY courseid;
```

8. 查询所有教师的授课信息，包括教师 id、教师姓名、教授课程、教授班级以及课程学分（见图6-73）。

teacherid	teachername	coursename	classname	credit
▸25306	赵复前	公共英语	JAVA1801	2
25306	赵复前	公共英语	JAVA1802	2
25306	赵复前	公共英语	.NET1801	2
78896	黄阳	公共英语	.NET1802	2
78896	黄阳	公共英语	测试1801	2
43703	何纯	JAVA程序设计	JAVA1801	6
43703	何纯	JAVA程序设计	JAVA1802	6
23364	杜倩颖	C#程序设计	.NET1801	6
86811	胡冬	C#程序设计	.NET1802	6
36762	胡祥	数据库	测试1801	4
53021	刘小娟	数据库	JAVA1801	4
53021	刘小娟	数据库	JAVA1802	4

图 6-73　每位教师的授课情况

代码如下。

```
SELECT teachers.teacherid,teachername,coursename,classname,credit
FROM arrangement INNER JOIN courses INNER JOIN teachers
ON arrangement.teacherid = teachers.teacherid AND arrangement.courseid =
courses.courseid;
```

9.“王敏”同学选修的课程以及每门课程的成绩（见图 6-74）。

代码如下。

```
SELECT students.studentid,studentname,coursename,score
FROM students INNER JOIN score INNER JOIN courses
ON students.studentid = score.studentid AND score.courseid = courses.courseid
WHERE students.studentname='王敏';
```

10.如果“李文赞”同学选修了“公共英语”这门课程，则查询该同学该门课程的成绩（见图 6-75）。

studentid	studentname	coursename	score
▸180101	王敏	公共英语	74
180101	王敏	JAVA程序设计	86
180101	王敏	数据库	96

courseid	score
▸J001	83

图 6-74　“王敏”同学选修的课程以及每门课程的成绩　　　　图 6-75　“李文赞”同学的“公共英语”课程成绩

代码如下。

```
SELECT courseid,score
FROM score WHERE studentid=(
SELECT studentid FROM students WHERE studentname='李文赞')
AND courseid=(
SELECT courseid FROM courses WHERE coursename='公共英语');
```

思考与练习

公司人事管理数据库 company 中有 3 张数据表，分别是员工表 employee、部门表 department 和工资表 salary。针对这 3 张数据表，完成以下操作：

1. 查询 employee 表中的员工 id、员工姓名和部门编号。
2. 查询 employee 数据表中的第 5~8 行数据。
3. 查询所有姓张员工的基本信息，包括员工 id、姓名、所在部门和岗位等级。
4. 查询每个部门的员工人数以及平均工资。
5. 查询销售部和人事部所有员工的信息。
6. 查询销售部基本工资大于 4000 元的员工信息。
7. 查询"孙威"的基本信息，包括员工编号、所在部门名称、岗位等级以及基本工资。

MySQL

7 Chapter

第 7 章

视图

学习目标：

- 理解视图的概念和作用；
- 熟练掌握创建和管理视图的 SQL 语句的语法；
- 能使用图形管理工具和命令方式实现视图的创建、修改和删除操作。

7.1 视图概述

视图是从一个或多个基本表中导出的虚拟表。视图与基本表不同，视图不对数据进行实际存储，数据库中只存储视图的定义。用户对视图的数据进行操作时，系统会根据视图的定义去操作相关联的基本表。MySQL 从 5.0 开始可以使用视图。

对视图的操作与对基本表的操作相似，可以使用 SELECT 语句查询数据，使用 INSERT、UPDATE 和 DELETE 语句修改记录。当对视图的数据进行修改时，相应的基本表的数据随之发生变化。同时，若基本表的数据发生变化，与之关联的视图也随之变化。

使用视图具有如下优点。

（1）简化对数据的查询和处理。用户可以将经常使用的连接、投影、联合查询和选择查询定义为视图，这样在每次执行相同的查询时，不必重写这些复杂的语句，只要一条简单的查询视图语句即可。视图可以向用户隐藏表与表之间复杂的连接操作。

（2）自定义数据。视图能够让不同的用户以不同的方式看到不同或相同的数据集。

（3）隐蔽数据库的复杂性。用户不必了解复杂的数据库中的表结构，并且数据库表的更改也不影响用户对数据库的使用。

（4）导入和导出数据。通过视图，用户可以重新组织数据，并且将数据导入或导出。

（5）安全性。通过视图，用户只能查询和修改他们所能见到的数据，而数据库中的其他数据用户既看不见，也取不到。

7.2 视图的创建

视图的创建基于 SELECT 语句和已存在的数据表。视图可以建立在一张表上，也可以建立在多张表上。创建视图使用 CREATE VIEW 语句，语法格式如下。

```
CREATE [OR REPLACE] VIEW 视图名 [(字段名，…)]
AS SELECT 语句
[WITH [CASCADED|LOCAL] CHECK OPTION]
```

参数说明如下：
- [OR REPLACE]：可选项，表示可以替换已有的同名视图。
- [(字段名，…)]：可选项，声明视图中使用的字段名。各字段名由逗号分隔，字段名的数目必须等于 SELECT 语句检索的列数。该选项省略时，视图的字段名与源表的字段名相同。
- SELECT 语句：用来创建视图的 SELECT 语句，可在 SELECT 语句中查询多个表或视图。
- WITH CHECK OPTION：可选项，强制所有通过视图修改的数据必须满足 SELECT 语句中指定的选择条件，这样可以确保数据修改后，仍可通过视图看到修改的数据。当一个视图根据另一个视图定义时，WITH CHECK OPTION 给出 LOCAL 和 CASCADE 两个可选参数，它们决定了检查测试的范围。LOCAL 表示只对定义的视图进行检查，CASCADED 表示对所有视图进行检查，该选项省略时，默认值为 CASCADED。

使用视图时，要注意下列事项：

（1）默认情况下，在当前数据库创建新视图。要想在给定数据库中明确创建视图，创建时应将名称指定为 db_name.view_name（数据库名.视图名）。

（2）视图的命名必须遵循标识符命名规则，不能与表同名。对于每个用户，视图名必须是唯一的，即对不同用户，即使是定义相同的视图，也必须使用不同的名字。

（3）不能把规则、默认值或触发器与视图相关联。

（4）定义视图的用户必须对所参照的表或视图有查询权限。

（5）视图中的 SELECT 命令不能包含 FROM 子句中的子查询，不能引用系统或用户变量，不能引用预处理语句参数。

【例 7-1】创建 borrow_view 视图，包括 borrow 表的字段 borrowid、bookid 和 readerid。

（1）打开数据库 library，创建 borrow_view 视图，代码如下。

```
USE library;
CREATE VIEW borrow_view
AS SELECT borrowid,bookid,readerid FROM borrow;
```

运行结果如图 7-1 所示。

（2）视图定义以后，可以像基本表一样对它进行查询。查询上面创建的视图 borrow_view 的所有数据，代码如下。

```
SELECT * FROM borrow_view;
```

运行结果如图 7-2 所示。

信息	剖析	状态

```
USE library
> OK
> 时间: 0s


CREATE VIEW borrow_view
AS SELECT borrowid,bookid,readerid FROM borrow
> OK
> 时间: 0.051s
```

图 7-1　创建 borrow_view 视图

信息	Result 1	剖析	状态

borrowid	bookid	readerid
B0006	P0004	S6003
B0007	P0002	S3007
B0008	H0004	S7001
B0009	C0004	S7005
B0010	L0004	S7003
B0011	E0001	S3008
B0012	S0001	S6004
B0013	H0003	S7008
B0014	L0004	T1003

图 7-2　查询视图 borrow_view 的所有数据

【例 7-2】创建视图 book_reader，包括字段 readername、bookname、borrowdate、num。

（1）该视图的定义涉及 books、borrow、readers 这 3 个表，因此，在创建视图的 SELECT 语句中需要建立多表查询。创建视图的代码如下。

```
CREATE VIEW book_reader
AS SELECT readername,bookname,borrowdate,num
FROM books,borrow,readers
WHERE readers.readerid = borrow.readerid AND books.bookid = borrow.bookid
WITH CHECK OPTION;
```

运行结果如图 7-3 所示。

```
信息    剖析    状态
CREATE VIEW book_reader
AS SELECT readername,bookname,borrowdate,num
FROM books,borrow,readers
WHERE readers.readerid=borrow.readerid AND books.bookid=borrow.bookid
WITH CHECK OPTION
> OK
> 时间: 0.057s
```

图 7-3 创建 book_reader 视图

（2）查询上面创建的视图 book_reader 中的所有数据，代码如下。

```
SELECT * FROM book_reader;
```

运行结果如图 7-4 所示。

readername	bookname	borrowdate	num
甘清波	大数据时代	2017-03-12 13:04:30	1
郭鹏	算法导论	2017-03-21 09:17:36	1
万强	新版赖世雄美语:美语音标	2017-03-24 12:15:57	1
殷欣	新东方·四级词汇词根+联想记	2017-04-15 10:30:39	2
李奇丰	新东方·四级词汇词根+联想记	2017-04-17 09:41:33	2
邓海	寂静的春天	2017-04-28 11:20:55	1
黄佳伟	从一到无穷大:科学中的事实	2017-05-01 13:51:28	1
王阳新	人类简史:从动物到上帝	2017-05-21 12:33:04	1
连子铭	编程珠玑	2017-06-11 13:06:58	1
王成林	巨人的陨落	2017-06-19 11:34:29	1

图 7-4 查询视图 book_reader 中的所有数据

【例 7-3】创建视图 total_reader，包括字段 readername 及借阅图书总册数，并在该视图中查询借阅图书总册数大于 3 的记录。

（1）首先创建视图 total_reader，代码如下。

```
CREATE VIEW total_reader(readername,total)
AS SELECT readername,SUM(num)
FROM readers,borrow
WHERE readers.readerid = borrow.readerid
GROUP BY readername;
```

运行结果如图 7-5 所示。

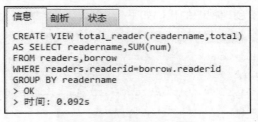

```
信息    剖析    状态
CREATE VIEW total_reader(readername,total)
AS SELECT readername,SUM(num)
FROM readers,borrow
WHERE readers.readerid=borrow.readerid
GROUP BY readername
> OK
> 时间: 0.092s
```

图 7-5 创建 total_reader 视图

（2）查询上面创建的视图 total_reader 中的所有数据，代码如下。

```
SELECT * FROM total_reader;
```

运行结果如图 7-6 所示。

（3）对视图 total_reader 进行查询，筛选出借阅图书总册数大于 3 的记录，代码如下。

```
SELECT * FROM total_reader
WHERE total > 3;
```

运行结果如图 7-7 所示。

信息	Result 1	剖析	状态

readername	total
万强	2
乐中波	1
乐有军	2
刘应颖	1
刘建华	3
刘枫	2
华绪鹤	4
吕成龙	2
吴立娅	1
喻彪	1
宋荷花	1
尚云平	1

图 7-6　查询视图 total_reader 中的所有数据

信息	Result 1	剖析	状态

readername	total
华绪鹤	4
沈海	4

图 7-7　对视图 total_reader 进行查询

7.3　视图操作

7.3.1　查看视图

查看视图是查看数据库中已经存在的视图的定义。查看视图必须要有 SHOW VIEW 的权限。查看视图的方法包括 DESCRIBE、SHOW TABLE STATUS 和 SHOW CREATE VIEW。

1. 使用 DESCRIBE 语句查看视图的基本信息

同查看基本表的定义一样，可以使用 DESCRIBE 查看视图的定义，语法格式如下。

```
DESCRIBE 视图名
```

【例 7-4】通过 DESCRIBE 语句查看视图 borrow_view 的定义。

代码如下。

```
DESCRIBE borrow_view;
```

运行结果如图 7-8 所示。

DESCRIBE 一般情况下都简写成 DESC。

图 7-8　查看视图 borrow_view 的定义

2. 使用 SHOW TABLE STATUS 语句查看视图的基本信息

同查看基本表的定义一样，可以使用 SHOW TABLE STATUS 查看视图的定义，语法格式如下。

```
SHOW TABLE STATUS LIKE '视图名'
```

【例 7-5】通过 SHOW TABLE STATUS 语句查看视图 borrow_view 的定义。

代码如下。

```
SHOW TABLE STATUS LIKE 'borrow_view';
```

运行结果如图 7-9 所示。

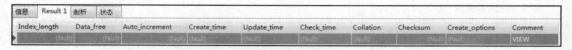

图 7-9　查看视图 borrow_view 的定义

执行结果显示，表的 Comment 值为 VIEW 说明该表为视图，其他的信息为 NULL 说明该表为虚表。

3. 使用 SHOW CREATE VIEW 语句查看视图的详细信息

同查看基本表的定义一样，使用 SHOW CREATE VIEW 语句可以查看视图的详细定义，语法格式如下。

```
SHOW CREATE VIEW 视图名
```

【例 7-6】通过 SHOW CREATE VIEW 查看视图的详细定义。

代码如下。

```
SHOW CREATE VIEW borrow_view;
```

运行结果如图 7-10 所示。

图 7-10　查看视图 borrow_view 的详细定义

4. 在 views 表中查看视图的详细信息

在 MySQL 中，information_schema 数据库下的 views 表中存储了所有视图的定义。通过对

views 表进行查询，可以查看数据库中所有视图的详细定义，查询语句如下。

```
SELECT * FROM information_schema.views;
```

【例 7-7】在 views 表中查看视图的详细定义。

代码如下。

```
SELECT * FROM information_schema.views;
```

运行结果如图 7-11 所示。

	信息	Result 1	剖析	状态					
	TABLE_CATALOG	TABLE_SCHEMA	TABLE_NAME		VIEW_DEFINITION	CHECK_OPTION	IS_UPDATABLE	DEFINER
▶	def	library	book_reader		select `library`.`readers`	CASCADED	YES	root@localhost
	def	library	borrow_view		select `library`.`borrow`	NONE	YES	root@localhost
	def	library	total_reader		select `library`.`readers`	NONE	NO	root@localhost

图 7-11　在 views 表中查看视图的详细定义

查询结果显示了当前定义的所有视图的详细信息。

7.3.2　修改视图

视图被创建后，若其关联的基本表的某些字段发生变化，则需要对视图进行修改，从而保持视图与基本表的一致性。MySQL 通过 CREATE OR REPLACE VIEW 语句和 ALTER VIEW 语句修改视图。

1. CREATE OR REPLACE VIEW 语句

使用 CREATE OR REPLACE VIEW 语句修改视图的语法格式如下。

```
CREATE OR REPLACE VIEW 视图名[(字段名，…]
AS SECLECT 语句
[WITH [CASCADED|LOCAL] CHECK OPTION]
```

CREATE OR REPLACE VIEW 语句就是创建视图的语句，当视图存在时，该语句对视图进行修改；当视图不存在时，则创建新的视图。

【例 7-8】使用 CREATE OR REPLACE VIEW 语句修改视图 borrow_view，增加 num 列。

（1）首先通过 DESC 语句查看视图 borrow_view 修改前的定义，代码如下。

```
DESC borrow_view;
```

运行结果如图 7-12 所示。

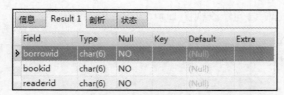

信息	Result 1	剖析	状态		
Field	Type	Null	Key	Default	Extra
▶ borrowid	char(6)	NO		(Null)	
bookid	char(6)	NO		(Null)	
readerid	char(6)	NO		(Null)	

图 7-12　查看视图 borrow_view 修改前的定义

（2）使用 CREATE OR REPLACE VIEW 语句修改视图，代码如下。

```
CREATE OR REPLACE VIEW borrow_view
```

```
AS SELECT borrowid,bookid,readerid,num FROM borrow;
```

运行结果如图 7-13 所示。

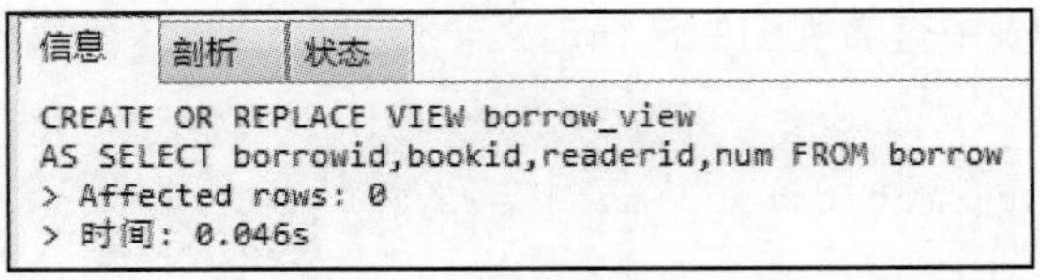

图 7-13 使用 CREATE OR REPLACE VIEW 语句修改视图 borrow_view

（3）通过 DESC 查看视图 borrow_view 修改后的定义，代码如下。

```
DESC borrow_view;
```

运行结果如图 7-14 所示。

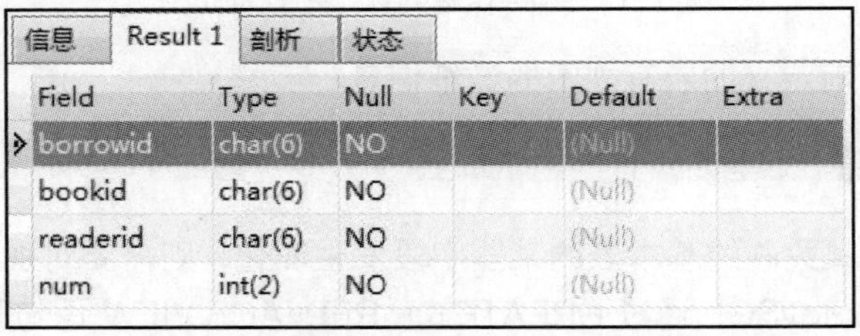

图 7-14 查看视图 borrow_view 修改后的定义

由结果可以看到，视图 borrow_view 的定义中已经增加了 num 列。

2. ALTER VIEW 语句

使用 ALTER VIEW 语句修改视图的语法格式如下。

```
ALTER VIEW 视图名[(列名, ···)]
AS SECLECT 语句
[WITH [CASCADED|LOCAL] CHECK OPTION]
```

命令行中的参数与 CREATE VIEW 命令中的参数含义相同，这里不再重复介绍。

【例 7-9】使用 ALTER VIEW 语句修改视图 borrow_view，筛选出借阅数量大于 3 的记录。

（1）查询视图 borrow_view 修改前的所有数据，代码如下。

```
SELECT * FROM borrow_view;
```

运行结果如图 7-15 所示。

（2）使用 ALTER VIEW 语句修改视图 borrow_view，代码如下。

```
ALTER VIEW borrow_view
AS SELECT borrowid,bookid,readerid,num
FROM borrow
WHERE num >= 3;
```

运行结果如图 7-16 所示。

（3）查询视图 borrow_view 修改后的所有数据，代码如下。

```
SELECT * FROM borrow_view;
```

运行结果如图 7-17 所示。

borrowid	bookid	readerid	num
B0001	C0001	S3006	1
B0002	C0005	S1005	1
B0003	T0002	T1001	1
B0004	T0001	S3004	2
B0005	T0001	S6004	2
B0006	P0004	S6003	1
B0007	P0002	S3007	1
B0008	H0004	S7001	1
B0009	C0004	S7005	1
B0010	L0004	S7003	1
B0011	E0001	S3008	1
B0012	S0001	S6004	1

图 7-15　查询视图 borrow_view 修改前的所有数据

```
ALTER VIEW borrow_view
AS SELECT borrowid,bookid,readerid,num
FROM borrow
WHERE num>=3
> OK
> 时间: 0.044s
```

图 7-16　使用 ALTER VIEW 语句修改视图 borrow_view

图 7-17　查询视图 borrow_view 修改后的所有数据

7.3.3　更新视图

更新视图是指通过视图插入、更新和删除表中的数据。因为视图是一个虚拟表，所以更新视图就是更新其关联的基本表中的数据。要通过视图更新基本表数据，必须保证视图是可更新视图，即可以在 INSERT、UPDATE 或 DELETE 等语句中使用它们。对于可更新视图，视图中的行和基本表中的行必须具有一对一的关系。如果视图包含下述结构中的任何一种，那么它就不是可更新视图。

（1）聚合函数。

（2）DISTINCT 关键字。

（3）GROUP BY 子句。

（4）ORDER BY 子句。

（5）HAVING 子句。

（6）UNION 运算符。

（7）位于选择列表中的子查询。

（8）FROM 子句中包含多个表。

（9）SELECT 语句中引用了不可更新视图。

（10）WHERE 子句中的子查询，引用 FROM 子句中的表。

1. 插入数据

使用 INSER INTO 语句可以实现通过视图插入基本表数据。

【例 7-10】向视图 borrow_view 中添加一条新的记录。

（1）在添加新记录前先查看视图 borrow_view 的定义，代码如下。

```
DESC borrow_view;
```

运行结果如图 7-18 所示。

信息	Result 1	剖析	状态			
Field	Type	Null	Key	Default	Extra
borrowid	char(6)	NO		(Null)	
bookid	char(6)	NO		(Null)	
readerid	char(6)	NO		(Null)	
num	int(2)	NO		(Null)	

图 7-18　查看视图 borrow_view 的定义

（2）使用 INSERT INTO 语句向视图 borrow_view 中插入一条新记录，代码如下。

```
INSERT INTO borrow_view
VALUES('B0066','C0001','S1001',4);
```

运行结果如图 7-19 所示。

（3）查询更新后的视图 borrow_view 的所有数据，代码如下。

```
SELECT * FROM borrow_view;
```

运行结果如图 7-20 所示。

信息	剖析	状态
INSERT INTO borrow_view VALUES('B0066','C0001','S1001',4) > Affected rows: 1 > 时间: 0.052s		

图 7-19　使用 INSERT INTO 语句向视图 borrow_view
中插入一条新记录

信息	Result 1	剖析	状态
borrowid	bookid	readerid	num
B0014	L0004	T1003	3
B0066	C0001	S1001	4

图 7-20　查询更新后的视图 borrow_view 的所有数据

向视图中插入数据时，要注意下列事项。

（1）如果在创建视图时添加了 WITH CHECK OPTION 子句，那么当向该视图中插入数据时，就会检查新数据是否符合视图定义中的 WHERE 子句的条件。

（2）当视图依赖的基本表有多个时，不能向该视图中插入数据，因为这将影响多个基本表。例如，不能向视图 total_reader 中插入数据，因为 total_reader 基于 borrow 和 readers 两个基本表。

（3）对于 INSERT 语句还有一个限制：SELECT 语句中必须包含 FROM 子句中指定表的所有不能为空的列。

2．修改数据

使用 UPDATE 语句可以实现通过视图修改基本表数据。

【例 7-11】将视图 borrow_view 中的所有借阅数量加 1。

（1）使用 UPDATE 语句修改视图 borrow_view 中的数据，代码如下。

```
UPDATE borrow_view
SET num = num + 1;
```

运行结果如图 7-21 所示。

（2）查询更新后的视图 borrow_view 的所有数据，代码如下。

```
SELECT * FROM borrow_view;
```

运行结果如图 7-22 所示。

```
UPDATE borrow_view
SET num=num+1
> Affected rows: 2
> 时间: 0.074s
```

borrowid	bookid	readerid	num
B0014	L0004	T1003	4
B0066	C0001	S1001	5

图 7-21　使用 UPDATE 语句修改视图 borrow_view 中的数据　　　图 7-22　查询更新后的视图 borrow_view 的所有数据

注意：若一个视图依赖于多个基本表，则修改一次该视图只能变动一个基本表的数据。

3．删除数据

如果视图来源于单个基本表，则可以使用 DELETE 语句通过视图删除基本表数据。

【例 7-12】删除视图 borrow_view 中借阅号为"B0066"的记录。

（1）使用 DELETE 语句删除视图 borrow_view 中的数据，代码如下。

```
DELETE FROM borrow_view
WHERE borrowid = 'B0066';
```

运行结果如图 7-23 所示。

（2）查询更新后的视图 borrow_view 的所有数据，代码如下。

```
SELECT * FROM borrow_view;
```

运行结果如图 7-24 所示。

```
DELETE FROM borrow_view
WHERE borrowid='B0066'
> Affected rows: 1
> 时间: 0.068s
```

borrowid	bookid	readerid	num
B0014	L0004	T1003	4

图 7-23 使用 DELETE 语句删除视图 borrow_view 中的数据　　　图 7-24　查询更新后的视图 borrow_view 的所有数据

注意：对依赖多个基本表的视图，不能使用 DELETE 语句。

7.3.4　删除视图

视图创建后若不再需要，可以随时将其删除。删除一个或多个视图可以使用 DROP VIEW 语句，语法格式如下。

```
DROP VIEW [IF EXISTS]
视图名, …
```

参数说明如下：

- [IF EXISTS]：可选项，如果声明了 IF EXISTS 而视图不存在，也不会出现错误提示。
- 视图名：可以一次删除多个视图，各视图名之间用逗号分隔。

【例 7-13】删除视图 total_reader。

（1）使用 DROP VIEW 语句删除视图 total_reader，代码如下。

```
DROP VIEW total_reader;
```

运行结果如图 7-25 所示。

（2）使用 SHOW CREATE VIEW 语句查看操作结果，代码如下。

```
SHOW CREATE VIEW ;
```

运行结果如图 7-26 所示。

图 7-25　使用 DROP VIEW 语句删除视图 total_reader　　　图 7-26　使用 SHOW CREATE VIEW 语句查看操作结果

由图 7-26 可知，视图 total_reader 已经不存在，即删除成功。

本章小结

视图是根据用户的不同需求，在物理数据库上按用户观点定义的数据结构。视图是一个虚拟表，数据库中只存储视图的定义，不实际存储视图对应的数据。对视图的数据进行操作时，系统会根据视图的定义去操作与视图相关联的基本表。视图定义后，就可以像基本表一样被查询、更新和删除。

实训项目

一、实训目的

掌握视图的创建、查询、更新和删除操作。

二、实训内容

针对教务管理系统数据库 ems 做以下操作。

1. 创建视图 ems_view1，包含 JAVA1801 班所有学生的学号、姓名和班级名称，代码如下。

```
CREATE VIEW ems_view1
AS SELECT studentid,studentname,classname FROM students WHERE classname =
'JAVA1801';
```

结果如图 7-27 所示。

studentid	studentname	classname
180101	王敏	JAVA1801
180102	董政辉	JAVA1801
180103	陈莎	JAVA1801
180104	汪一娟	JAVA1801
180105	朱杰礼	JAVA1801
180106	李文赞	JAVA1801
180107	张鑫源	JAVA1801
180108	龚洁	JAVA1801
180109	张刚玉	JAVA1801
180110	邢文辉	JAVA1801

图 7- 27　创建视图 ems_view1

2. 从视图 ems_view1 中查询姓张学生的学号和姓名，代码如下。

```
SELECT studentid,studentname FROM ems_view1 WHERE studentname LIKE '张%';
```

结果如图 7-28 所示。

3. 创建视图 ems_view2，包含所有教师姓名和讲授课程名称，代码如下。

```
CREATE VIEW ems_view2
AS SELECT DISTINCT teachername,coursename
FROM teachers,courses,arrangement
WHERE teachers.teacherid = arrangement.teacherid AND arrangement.courseid =
courses.courseid;
```

结果如图 7-29 所示。

信息	Result 1	剖析	状态

studentid	studentname
180107	张鑫源
180109	张刚玉
180111	张凯

图 7- 28　从视图 ems_view1 中查询姓张学生的学号和姓名

teachername	coursename
赵复前	公共英语
黄阳	公共英语
何纯	JAVA程序设计
杜倩颖	C#程序设计
胡冬	C#程序设计
胡祥	数据库
刘小娟	数据库
章梓雷	数据结构
胡建君	数据结构

图 7- 29　创建视图 ems_view2

4. 从视图 ems_view2 中查询"数据库"课程的任课教师姓名，代码如下。

```
SELECT teachername FROM ems_view2
WHERE coursename = '数据库';
```

结果如图 7-30 所示。

5. 将视图 ems_view1 中学号为"180103"的学生的所在班级修改为"JAVA1802"，代码如下。

```
UPDATE ems_view1 SET classname='JAVA1802'
WHERE studentid = '180103';
```

结果如图 7-31 所示。

图 7-30　从视图 ems_view2 中查询　　　　图 7-31　将视图 ems_view1 中学号为 "180103" 的学生的

"数据库" 课程的任课教师姓名　　　　　　　　　　所在班级修改为 "JAVA1802"

6.　修改视图 ems_view1 的定义，给它添加 WITH CHECK OPTION，代码如下。

```
ALTER VIEW ems_view1
AS SELECT studentid,studentname,classname FROM students WHERE classname =
'JAVA1801'
WITH CHECK OPTION;
```

7.　向视图 ems_view1 中插入一条记录：(180201，陈粒，JAVA1801)，代码如下。

```
INSERT INTO ems_view1
VALUES('180201','陈粒','JAVA1801');
```

结果如图 7-32 所示。

180119	丁皓	JAVA1801
180120	杨明	JAVA1801
180121	陈娟	JAVA1801
180201	陈粒	JAVA1801

图 7-32　从视图 ems_view1 中插入一条记录

8.　删除视图 ems_view1 中学号为 "180102" 的记录，代码如下。

```
DELETE FROM ems_view1 WHERE studentid = '180102';
```

9.　删除视图 ems_view1 和 ems_view2，代码如下。

```
DROP VIEW ems_view1,ems_view2;
```

思考与练习

对公司人事管理数据库 company 完成以下操作：
1.　创建视图 emp_view1，包含所有员工的号码、姓名和职位。
2.　从视图 emp_view1 中查询职位为 "经理" 的员工信息。
3.　创建视图 emp_view2，包含所有员工的姓名和基本收入。
4.　从视图 emp_view2 中查询基本收入大于或等于 5000 元的员工姓名和收入。
5.　修改视图 emp_view2，将员工 "王旭" 的基本收入增加 500 元。

6. 修改视图 emp_view1 的定义，包含 2010 年后入职的员工号码、姓名和入职时间，并给视图加上 WITH CHECK OPTION。

7. 向视图 emp_view1 中插入一条记录：（0019，李浩，2018-11-11）。

8. 删除视图 emp_view1 中姓名为"李敏"的员工。

9. 删除视图 emp_view1 和 emp_view2。

Chapter 8

第 8 章

索引

学习目标：

- 理解索引的概念和作用；
- 熟练掌握创建和管理索引的 SQL 语句的语法；
- 能使用图形管理工具和命令方式实现索引的创建、修改和删除
操作。

8.1 索引概述

数据库中的索引类似于书中的目录，表中的数据类似于书的内容。读者可以通过书的目录快速查找到某些内容所在的具体位置，同理数据库的索引有助于快速检索数据。在关系型数据库中，索引是一种可以加快数据检索的数据结构，主要用于提高性能，因为检索可以从大量的数据中迅速找到所需要的数据，不再需要检索整个数据库，从而大大提高检索的效率。

8.1.1 索引的含义和特点

索引是一个单独的、物理的、存储在磁盘上的数据库结构，是对数据库某个表中一列或多列的值进行排序的一种结构，它包含列值的集合以及标识这些值所在数据页的逻辑指针清单。索引存放在单独的索引页面上。当进行数据检索时，系统先搜索索引页面，从中找到所需数据的指针，再直接通过指针从数据页面中读取数据。使用索引可以快速找出在某个或多个列中有一特定值的列，所有的 MySQL 列类型都可以被索引，对列使用索引是提高查询操作速度的最佳途径。

索引是在存储引擎中实现的，每种存储引擎支持的索引不一定完全相同。所有存储引擎支持每个表至少 16 个索引，总索引长度至少为 256B。MySQL 中索引的存储类型有两种：BTREE（ B-树 ）和 HASH，具体和表的存储引擎相关。MyISAM 和 InooDB 存储引擎只支持 BTREE 索引，MEMORY/HEFP 存储引擎则可以支持 HASH 和 BTREE 索引。目前大部分 MySQL 索引都以 BTREE 方式存储。

BTREE 方式可构建包含多个节点的一棵树，树顶部的节点构成了索引的开始点（根），每个节点中包含有索引列的几个值，节点中的每个值又都指向另一个节点或者指向表的一行。这样，表中的每一行都会在索引中有一个对应的值，数据检索时根据索引值就可以直接找到所在的行。

索引一旦被创建，将由数据库自动管理和维护。更新数据表数据时，数据库会自动在索引上做出相应的修改，因此索引总是和表的内容保持一致。

索引的优点除了可以提高数据的检索速度，还可以通过创建唯一性索引保证表中的数据记录不重复。

虽然索引有诸多优点，但是要注意增加索引也会有许多不利。创建和维护索引需要时间，且会占用磁盘空间，会降低系统的维护速度。因此，使用索引一定要恰当。

8.1.2 索引的分类

根据索引列的内容，MySQL 的索引可以分为以下 4 类。

（1）普通索引

普通索引是 MySQL 中最基本的索引类型，它允许在定义索引的列中插入重复值和空值。

（2）唯一性索引和主键索引

唯一性索引和普通索引类似，区别是索引列的值必须是唯一的，但允许有空值。如果唯一性索引是组合索引，则列值的组合必须是唯一的。当给表创建 UNIQUE 约束时，MySQL 会自动创建唯一性索引。

主键索引是一种特殊的唯一性索引，不允许有空值。当给表创建 PRIMARY 约束时，MySQL 会自动创建主键索引。每个表只能有一个主键。

（3）全文索引

全文索引是指在定义索引的列上支持值的全文查找，允许在这些索引列中插入重复值和空值。全文索引只能在 CHAR、VARCHA 或者 TEXT 类型的列上创建，并且只能在存储引擎为 MyISAM 的表中创建。全文索引非常适合大型数据集，对于小型数据集，它的用处比较小。

（4）空间索引

空间索引是针对空间数据类型的字段建立的索引。MySQL 中有 4 种空间数据类型：GEOMETRY、POINT、LINESTRING 和 POLYGON。MySQL 使用 SPATIL 关键字进行扩展，因此可用创建正规索引类型类似的语法创建空间索引。创建空间索引的列，必须被声明为 NOT NULL，并且空间索引只能在存储引擎为 MyISAM 的表中创建。

此外，根据索引列的数目，MySQL 的索引又可以分为单列索引和组合索引。

（1）单列索引

单列索引是指一个索引只包含一个列。一个表可以包含多个单列索引。

（2）组合索引

组合索引又称为复合索引、联合索引或多列索引，是指可将表的多个字段组合创建的索引。MySQL 在使用组合索引时会遵循最左前缀匹配原则，即最左优先，在检索数据时从组合索引的最左边开始匹配。因此，创建组合索引时，要根据业务需要将 WHERE 子句中使用最频繁的一列放在最左边。

8.1.3　索引的设计原则

索引设计不合理或者缺少索引都会对数据库和应用程序的性能造成障碍。高效的索引对于获得良好的性能非常重要。设计索引时，应该考虑以下原则。

（1）对经常用于查询的字段应该创建索引，但要避免添加不必要的字段。

（2）避免对经常更新的表进行过多的索引，并且索引中的列应尽可能少。

（3）数据量小的表不应该使用索引。

（4）应在条件表达式中经常用到的不同值较多的列上建立索引，在不同值很少的列上不要建立索引。

（5）当唯一性是某种数据本身的特征时，应指定唯一索引。

（6）应在频繁进行排序或分组的列上建立索引，如果待排序的列有多个，则建立组合索引。

8.2　创建索引

MySQL 支持多种方法在单个或多个列上创建索引，可以在创建表时创建索引，也可以给已经存在的表上创建索引。

8.2.1　创建表时创建索引

使用 CREATE TABLE 语句创建表时，除了可以定义表中包含的列的数据类型，还可以定义主键约束、外键约束或者唯一性约束。无论创建哪种约束，在定义约束的同时相当于在对应的列上创建了一个索引。创建表时创建索引的基本语法格式如下。

```
CREARE TABLE 表名 (
字段名 数据类型 [完整性约束条件],
……
PRIMARY KEY(字段名, …[ASC|DESC])                              /*主键索引*/
|INDEX|KEY [索引名] (字段名[长度], …[ASC|DESC])                /*普通索引*/
|[UNIQUE||FULLTEXT|SPATIAL] [INDEX|KEY] [索引名] (字段名[长度], …[ASC|DESC])
/*唯一性/全文/空间索引*/
)
```

参数说明如下：

- UNIQUE、FULLTEXT 和 SPATIAL：可选参数，分别表示唯一索引、全文索引和空间索引。
- INDEX|KEY：INDEX 和 KEY 是同义词，作用相同，用来指定创建索引。
- 索引名：可选参数，用来指定索引的名称。该值缺省时，MySQL 默认字段名为索引名。
- 字段名[长度]：为需要创建索引的字段列。长度为可选参数，表示索引字段的长度，只有字符串类型的字段才能指定该值。
- ASC|DESC：可选参数，指定升序或者降序的索引值存储。

【例 8-1】创建 borrow_copy 表，在 borrowid 字段上建立主键索引，在 bookid、readerid 字段上建立组合唯一性索引，在 readerid 字段的前 4 个字符上创建普通单列索引。

（1）打开数据库，使用 CREATE TABLE 语句在创建表时创建索引，代码如下：

```
USE library;
CREATE TABLE borrow_copy(
borrowid CHAR(6) NOT NULL,
bookid CHAR(6) NOT NULL,
readerid CHAR(6) NOT NULL,
borrowdate DATETIME,
num INT(2) NOT NULL,
PRIMARY KEY(borrowid),
UNIQUE INDEX book_reader(bookid,readerid),
INDEX (readerid(4))
);
```

运行结果如图 8-1 所示。

```
信息    剖析    状态
USE library
> OK
> 时间: 0s


CREATE TABLE borrow_copy(
borrowid CHAR(6) NOT NULL,
bookid CHAR(6) NOT NULL,
readerid CHAR(6) NOT NULL,
borrowdate DATETIME,
num INT(2) NOT NULL,
PRIMARY KEY(borrowid),
UNIQUE INDEX book_reader(bookid,readerid),
INDEX (readerid(4))
)
> OK
> 时间: 0.029s
```

图 8-1　使用 CREATE TABLE 语句在创建表时创建索引

（2）使用 SHOW INDEX 语句查看表 borrow_copy 的索引，代码如下：

```
SHOW INDEX FROM borrow_copy;
```

运行结果如图 8-2 所示。

Table	Non_unique	Key_name	Seq_in_index	Column_name	Collation	Cardinality	Sub_part	Packed	Null	Index_type	Comment	Index_comment
borrow_copy	0	PRIMARY	1	borrowid	A	0	(Null)	(Null)		BTREE		
borrow_copy	0	book_reader	1	bookid	A	0	(Null)	(Null)		BTREE		
borrow_copy	0	book_reader	2	readerid	A	0	(Null)	(Null)		BTREE		
borrow_copy	1	readerid	1	readerid	A	0	4	(Null)		BTREE		

图 8-2　使用 SHOW INDEX 语句查看表 borrow_copy 的索引

由图 8-2 可知，表 borrow_copy 的字段上成功建立了 3 个索引。

SHOW INDEX 语句输出结果的各个列解释如下。

* Table：表的名称。
* Non_unique：如果索引值不能包括重复内容，则该项为 0，否则为 1。
* Key_name：索引的名称。
* Seq_in_index：在组合索引中字段排列的序列号，从 1 开始。
* Column_name：字段名称。
* Collation：列存储在索引中的方式。在 MySQL 中，有值 "A"（升序）或 Null（无分类）。
* Cardinality：索引中唯一值的数目的估计值，可通过运行 ANALYZE TABLE 或 myisamchk -a 来更新。基数根据被存储为整数的统计数据计数，所以即使对于小型表，该值也没有必要是精确的。基数越大，进行联合时，MySQL 使用该索引的机会越大。
* Sub_part：如果列只是被部分地编入索引，则为被编入索引的字符的数目。如果整列被编入索引，则为 Null。
* Packed：指示关键字如何被压缩。如果没有被压缩，则为 Null。
* Null：如果列含有 Null，则含有 YES。否则，该列含有 NO。
* Index_type：用过的索引方法（BTREE、FULLTEXT、HASH、RTREE）。
* Comment：关于在其列中没有描述的索引的信息。
* Index_comment：为索引创建时提供一个注释属性的索引的任何评论。

（3）使用 EXPLAIN 语句查看表 borrow_copy 的索引是否正在使用，代码如下：

```
EXPLAIN SELECT * FROM borrow_copy WHERE readerid = '001';
```

运行结果如图 8-3 所示。

id	select_type	table	partitions	type	possible_keys	key	key_len	ref	rows	filtered	Extra
1	SIMPLE	borrow_copy	(Null)	ref	readerid	readerid	12	const	1	100	Using where

图 8-3　使用 EXPLAIN 语句查看表 borrow_copy 的索引是否正在使用

由图 8-3 可知，possible_keys 和 key 的值都为 readerid，可见查询时使用了索引 readerid。

EXPLAIN 语句输出结果的各个列解释如下。

* select_type：指定使用的 SELECT 查询类型，SIMPLE 表示简单的 SELECT，不使用 UNION 或子查询。其他可能的取值有 PRIMARY、UNION、SUBQUERY 等。
* table：指定数据库读取的数据表的名字，它们按被读取的先后顺序排列。

- type：指定本数据表与其他数据表之间的关联关系，可能的取值有 system、const、eq_ref、range、index 和 ALL。
- possible_keys：给出了 MySQL 在搜索数据记录时可选用的各个索引。
- key：MySQL 实际选用的索引。
- key_len：给出索引按字节计算的长度，值越小，表示越快。
- ref：给出了关联关系中另一个数据表里的数据列的名字。
- rows：MySQL 在执行这个查询时预计会从数据表里读出的数据行的个数。
- filtered：表示存储引擎返回的数据在 server 层过滤后，剩下满足查询的记录数量的比例，是百分比，而不是具体的记录数。
- Extra：提供了与关联操作有关的信息。

8.2.2 在已经存在的表上创建索引

在已经存在的表上创建索引，可以使用 ALTER TABLE 语句或者 CREATE INDEX 语句，下面介绍这两种方法。

1. 使用 ALTER TABLE 语句创建索引

使用 ALTER TABLE 语句创建索引的基本语法格式如下。

```
ALTER TABLE 表名
ADD PRIMARY KEY (字段名，…[ASC|DESC])
|ADD INDEX [索引名] (字段名[长度]，…[ASC|DESC])
|ADD [UNIQUE|FULLTEXT|SPATIAL] [INDEX|KEY] [索引名] (字段名[长度]，…[ASC|DESC])
```

ADD 关键字后面的参数的含义同上面创建表时创建索引的含义类似，这里不再重复介绍。

【例 8-2】在 books 表的 press 和 pubdate 列上创建一个组合索引，在 info 列上创建一个全文索引。

（1）使用 SHOW INDEX 语句查看表 books 的索引，代码如下。

```
SHOW INDEX FROM books;
```

运行结果如图 8-4 所示。

图 8-4　使用 SHOW INDEX 语句查看表 books 的索引

（2）使用 ALTER TABLE 语句创建索引，代码如下。

```
ALTER TABLE books
ADD INDEX mark (press,pubdate),
ADD FULLTEXT (info);
```

运行结果如图 8-5 所示。

（3）使用 SHOW INDEX 语句查看表 books 的索引，代码如下。

```
SHOW INDEX FROM books;
```

图 8-5　使用 ALTER TABLE 语句创建索引

运行结果如图 8-6 所示。

Table	Non_uniqu	Key_name	Seq_in_index	Column_name	Collatio	Cardinality	Sub_part	Packed	Null	Index_type	Comment	Index_comment
books	0	PRIMARY	1	bookid	A	30	(Null)	(Null)		BTREE		
books	1	name_book	1	bookname	A	30	6	(Null)		BTREE		
books	1	mark	1	press	A	19	(Null)	(Null)		BTREE		
books	1	mark	2	pubdate	A	29	(Null)	(Null)		BTREE		
books	1	info	1	info	(Null)	30	(Null)	(Null)	YES	FULLTEXT		

图 8-6　使用 SHOW INDEX 语句查看表 books 的索引

由图 8-6 可知，books 表中已经添加了两个新的索引。

2. 使用 CREATE INDEX 语句创建索引

使用 CREATE INDEX 语句创建索引的基本语法格式如下。

```
CREATE [UNIQUE|FULLTEXT|SPATIAL] INDEX 索引名
ON 表名 (字段名[长度], …[ASC|DESC])
```

CREATE INDEX 语句和 ALTER TABLE 语句的语法基本一样，只是关键字不同，这里不再重复介绍。

【例 8-3】根据 books 表的 bookname 列上的前 6 个字符建立一个升序索引 name_book。

（1）使用 CREATE INDEX 语句创建索引，代码如下。

```
CREATE INDEX name_book
ON books (bookname(6) ASC);
```

运行结果如图 8-7 所示。

图 8-7　使用 CREATE INDEX 语句创建索引

（2）使用 SHOW INDEX 语句查看表 books 的索引，代码如下。

```
SHOW INDEX FROM books;
```

运行结果如图 8-8 所示。

Table	Non_uniqu	Key_name	Seq_in_index	Column_name	Collatio	Cardinality	Sub_part	Packed	Null	Index_type	Comment	Index_comment
books	0	PRIMARY	1	bookid	A	30	(Null)	(Null)		BTREE		
books	1	name_book	1	bookname	A	30	6	(Null)		BTREE		
books	1	mark	1	press	A	19	(Null)	(Null)		BTREE		
books	1	mark	2	pubdate	A	29	(Null)	(Null)		BTREE		
books	1	info	1	info	(Null)	30	(Null)	(Null)	YES	FULLTEXT		

图 8-8　使用 SHOW INDEX 语句查看表 books 的索引

由图 8-8 可知，books 表中已经添加了一个新的索引。

8.3 删除索引

MySQL 中删除索引时可使用 ALTER TABLE 语句或者 DROP INDEX 语句，两者可实现相同的功能。DROP INDEX 语句在内部被映射到一个 ALTER TABLE 语句中。

1. 使用 ALTER TABLE 语句删除索引

使用 ALTER TABLE 语句删除索引的语法格式如下。

```
ALTER TABLE 表名
|DROP PRIMARY KEY                           /*删除主键*/
|DROP INDEX 索引名                          /*删除索引*/
```

DROP INDEX 子句可以删除各种类型的索引。使用 DROP PRIMARY KEY 子句时不需要提供索引名称，因为一个表只有一个主键。

【例 8-4】删除 books 表中名称为 mark 和 name_book 的索引。

（1）使用 ALTER TABLE 语句删除索引，代码如下。

```
ALTER TABLE books
DROP INDEX mark,
DROP INDEX name_book;
```

运行结果如图 8-9 所示。

```
信息    剖析    状态

ALTER TABLE books
DROP INDEX mark,
DROP INDEX name_book
> OK
> 时间: 0.019s
```

图 8-9　使用 ALTER TABLE 语句删除索引

（2）使用 SHOW INDEX 语句查看表 books 的索引，代码如下。

```
SHOW INDEX FROM books;
```

运行结果如图 8-10 所示。

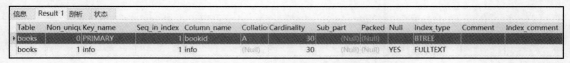

信息	Result 1 剖析	状态									
Table	Non uniqu	Key_name	Seq_in index	Column_name	Collatio Cardinality	Sub_part	Packed Null		Index_type	Comment	Index_comment
books	0	PRIMARY	1	bookid	A 30	(Null)	(Null)		BTREE		
books	1	info	1	info	(Null) 30	(Null)	(Null)	YES	FULLTEXT		

图 8-10　使用 SHOW INDEX 语句查看表 books 的索引

由图 8-10 可知，books 表的 mark 和 name_book 索引已经被删除了。

2. 使用 DROP INDEX 语句删除索引

使用 DROP INDEX 语句删除索引的语法格式如下。

```
DROP INDEX 索引名 ON 表名
```

索引名为要删除的索引名，表名为索引所在的表的名称。

【例 8-5】删除 books 表中名称为 info 的索引。

（1）使用 DROP INDEX 语句删除索引，代码如下。

```
ALTER TABLE books
DROP INDEX info;
```

运行结果如图 8-11 所示。

信息	剖析	状态
ALTER TABLE books
DROP INDEX info
> OK
> 时间: 0.035s

图 8-11　使用 DROP INDEX 语句删除索引

（2）使用 SHOW INDEX 语句查看表 books 的索引，代码如下。

```
SHOW INDEX FROM books;
```

运行结果如图 8-12 所示。

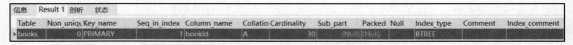

Table	Non_uniqu	Key_name	Seq_in_index	Column_name	Collatio	Cardinality	Sub_part	Packed	Null	Index_type	Comment	Index_comment
books	0	PRIMARY	1	bookid	A	30	(Null)	(Null)		BTREE		

图 8-12　使用 SHOW INDEX 语句查看表 books 的索引

由图 8-12 可知，books 表的 info 索引已经被删除了。

需要注意的是，如果从表中删除了列，则索引可能会受到影响。如果所删除的列为索引的组成部分，则该列也会从索引中删除。如果组成索引的所有列都被删除，则整个索引将被删除。

本章小结

MySQL 索引是一种特殊的文件，它包含对数据表里所有记录的引用指针。索引是加快检索的最重要的工具，检索时可以根据索引值直接找到所在的行。MySQL 会自动更新索引，以保持索引总是和表的数据内容一致。索引也会占用额外的磁盘空间，在更新表的同时，索引也会被同时更新，因此使用索引要恰当。

实训项目

一、实训目的

掌握创建和管理索引的 SQL 语句，以及在图形界面工具中对索引的创建和管理操作。

二、实训内容

对教务管理系统数据库 ems 做以下操作。

1. 使用 CREATE INDEX 语句对 courses 表中的 coursename 列按降序排列创建唯一性索引，代码如下。

```
CREATE INDEX name_course ON courses (coursename DESC);
```

结果如图 8-13 所示。

信息	Result 1	剖析	状态										
Table	Non_unique	Key_name	Seq_in_index	Column_name	Collation	Cardinality	Sub_part	Packed	Null	Index_type	Comment	Index_comment
courses	0	PRIMARY	1	courseid	A	5	(Null)	(Null)		BTREE		
courses	1	name_course	1	coursename	A	5	(Null)	(Null)		BTREE		

图 8-13　对 coursename 列按降序排列创建唯一性索引

2. 使用 ALTER TABLE 语句对 teachers 表中的 teachername 列和 title 列创建组合索引，代码如下。

```
ALTER TABLE teachers
ADD INDEX tea_nametitle (teachername,title);
```

结果如图 8-14 所示。

信息	Result 1	剖析	状态										
Table	Non_unique	Key_name	Seq_in_index	Column_name	Collation	Cardinality	Sub_part	Packed	Null	Index_type	Comment	Index_comment
teachers	0	PRIMARY	1	teacherid	A	10	(Null)	(Null)		BTREE		
teachers	1	tea_nametitle	1	teachername	A	10	(Null)	(Null)		BTREE		
teachers	1	tea_nametitle	2	title	A	10	(Null)	(Null)		BTREE		

图 8-14　对 teachers 表中的 teachername 列和 title 列创建组合索引

3. 使用 CREATE TABLE 语句在创建表的同时创建索引。创建专业表 professions（专业代码 proid，专业名称 proname，专业说明 proinfo），对专业代码创建主键，对专业说明创建全文索引，对专业名称创建唯一性索引，代码如下。

```
CREATE TABLE professions(
proid CHAR(6),
proname CHAR(12),
proinfo MEDIUMTEXT,
PRIMARY KEY (proid),
UNIQUE (proname),
FULLTEXT (proinfo)
);
```

结果如图 8-15 和图 8-16 所示。

信息	Result 1	剖析	状态		
Field	Type	Null	Key	Default	Extra
proid	char(6)	NO	PRI	(Null)	
proname	char(12)	YES	UNI	(Null)	
proinfo	medium	YES	MUL	(Null)	

图 8-15　专业表 professions 的定义

信息	Result 1	剖析	状态										
Table	Non_unique	Key_name	Seq_in_index	Column_name	Collation	Cardinality	Sub_part	Packed	Null	Index_type	Comment	Index_comment
professions	0	PRIMARY	1	proid		0	(Null)	(Null)		BTREE		
professions	0	proname	1	proname	A	0	(Null)	(Null)	YES	BTREE		
professions	1	proinfo	1	proinfo	(Null)	0	(Null)	(Null)	YES	FULLTEXT		

图 8-16　专业表 professions 的索引

4. 使用 DROP INDEX 语句删除表 courses 中的 name_course 索引，代码如下。

```
DROP INDEX name_course ON courses;
```

5. 使用 ALTER TABLE 语句删除表 teachers 中的 tea_nametitle 索引，代码如下。

```
ALTER TABLE teachers
DROP INDEX tea_nametitle;
```

思考与练习

对公司人事管理数据库 company 做以下操作。

1. 使用 CREATE INDEX 语句创建索引。

（1）对 department 表中的 DeptName 列的前 4 个字符创建普通索引。

（2）对 employee 表中的 EName 列和 DeptId 列创建组合索引 name_dept。

（3）对 department 表中的 Description 列创建全文索引。

2. 使用 ALTER TABLE 语句添加索引。

（1）对 salary 表中的 EmployeeId 列创建主键索引。

（2）对 employee 表中的 EName 列和 Title 列创建组合唯一索引 name_title。

3. 在创建表的同时创建索引

创建产品表 product（产品编号、产品名称、产品说明、单价），并对产品编号创建主键，在产品名称上创建普通索引，在产品说明上创建全文索引。

4. 使用 DROP INDEX 语句删除 employee 表中的 name_title 索引。

5. 使用 ALTER TABLE 语句删除 employee 表中的 name_dept 索引。

MySQL

9 Chapter

第 9 章

存储过程和触发器

学习目标:

- 熟练掌握 SQL 编程基础知识;
- 理解存储过程和函数的概念与作用;
- 理解触发器的概念与作用;
- 熟练掌握创建与管理存储过程和函数的 SQL 语句的语法;
- 熟练掌握创建与管理触发器的 SQL 语句的语法;
- 能使用图形管理工具和命令方式实现存储过程和函数的操作;
- 能使用图形管理工具和命令方式实现触发器的操作。

9.1 SQL 编程基础

前面几章介绍了 SQL 命令，命令采用的是联机交互的使用方式，命令执行的方式是每次一条。为了提高工作效率，有时需要把多条命令组合在一起，形成一个程序一次性执行。因为程序可以重复使用，这样就能减少数据库开发人员的工作量，也能通过设定程序的权限来限制用户对程序的定义和使用，从而提高系统的安全性。几乎所有数据库管理系统都提供了"程序设计结构"，这些"程序设计结构"在 SQL 标准的基础上进行了扩展。本节将介绍 MySQL 编程的相关基础知识。

9.1.1 SQL 基础

SQL 是一系列操作数据库及数据库对象的命令语句，MySQL 各种功能的实现基础是 SQL，只有 SQL 可以直接和数据库进行交互。本小节将介绍 SQL 的语法基础，主要包括常量与变量、SQL 流程控制语句等。

1. 常量与变量

（1）常量

常量也称为文字值或标量值，是指程序运行中值始终不变的量。常量的格式取决于它表示的值的数据类型。

① 字符串常量

字符串常量是指用单引号或双引号括起来的字符序列，如"hi""hello"等。每个汉字用两个字节存储，而每个 ASCII 字符用一个字节存储。

② 数值常量

数值常量分为整数常量和实型常量。

整数常量是不带小数点的整数，如十进制数 1000、6、+1234、−5678 等。使用前缀 0x 可以表示十六进制数，如 0x1F00、0x19 等。

实型常量是使用小数点的数值常量，它包括定点数和浮点数两种，如 1.3、−6.8、6.7E4、0.9E−5 等。

③ 日期时间常量

日期时间常量是指用单引号括起来的日期时间。MySQL 是按年−月−日的顺序表示日期的。中间的间隔符可以用"−""\""/""@""%"等特殊符号，如"2018−10−01""2018/10/02""2018@10@03"等。

④ 布尔值常量

布尔值常量只包含 TRUE 和 FALSE 两个值。FALSE 的数字值为"0"，TRUE 的数字值为"1"。

⑤ Null 值

Null 值适用于各种列类型，通常用来表示"没有值""无数据"等，并且不同于数字"0"或字符串类型的空字符串。

（2）变量

变量就是在程序执行过程中值可以改变的量。变量用于临时存放数据，变量中的数据随着程序的运行而变化。变量由变量名和变量值构成，变量名用于标识该变量，变量名不能与命令和函数名相同。变量的数据类型与常量一样，它确定了该变量存放值的格式及允许的运算。MySQL 中的变量有系统变量、用户变量和局部变量 3 种。

① 系统变量

系统变量是 MySQL 的一些特定的设置，又可分为全局变量和会话变量两种。

● 全局变量在 MySQL 启动时由服务器自动将它们初始化为默认值，这些默认值可以通过 my.ini 配置文件更改。

● 会话变量在每次建立一个新的连接时由 MySQL 初始化，MySQL 会将当前所有全局变量的值复制一份作为会话变量。也就是说，如果在建立会话以后没有手动更改会话变量与全局变量的值，则所有这些变量的值都是一样的。全局变量与会话变量的区别是，对全局变量的修改会影响整个服务器，但是对会话变量的修改只会影响到当前的会话，也就是当前的数据库连接。

大多数系统变量应用于其他 SQL 语句时，必须在名称前加两个@符号，而为了与其他 SQL 产品保持一致，某些特定的系统变量要省略这两个@符号，如 CURRENT_DATE（系统日期）、CURRENT_TIME（系统时间）、CURRENT_USER（SQL 用户的名字）等。

【例 9-1】查看当前使用的 MySQL 的版本信息和当前的系统日期。

代码如下。

```
SELECT @@VERSION AS '当前 MySQL 版本',CURRENT_DATE;
```

运行结果如图 9-1 所示。

图 9-1　查看当前使用的 MySQL 的版本信息和当前的系统日期

在 MySQL 中，可以通过 SHOW 命令显示系统变量的清单，其基本语法格式如下。

```
SHOW [GLOBAL|SESSION|LOCAL] VARIABLES [LIKE '字符串']
```

参数说明如下。

● [GLOBAL|SESSION|LOCAL]：可选项。GLOBLE 表示全局变量，SESSION 表示会话变量，LOCAL 与 SESSION 同义。若此项缺省，则默认为会话变量。

● [LIKE '字符串']：可选项。LIKE 子句表示与字符串匹配的具体的变量名称或名称清单。若此项缺省，则默认查看所有的变量。

【例 9-2】显示所有的全局系统变量。

代码如下。

```
SHOW GLOBAL VARIABLES;
```

运行结果如图 9-2 所示。

在 MySQL 中，有些系统变量的值是不可以改变的，有些可以通过 SET 语句修改，其基本语法格式如下。

```
SET [GLOBLE|SESSION|LOCAL] 系统变量名 = 表达式|DEFAULT
|@@[GLOBLE|SESSION|LOCAL].系统变量名 = 表达式|DEFAULT
```

信息	Result 1	剖析	状态	
Variable_name			Value	
basedir			C:\Program Files\MySQL\MySQL Server 5.7\	
big_tables			OFF	
bind_address			*	
binlog_cache_size			32768	
binlog_checksum			CRC32	
binlog_direct_non_transactional_updates			OFF	
binlog_error_action			ABORT_SERVER	

图 9-2　显示所有的全局系统变量

参数说明如下。

- [GLOBLE|SESSION|LOCAL]：可选项。GLOBLE 表示全局变量，SESSION 表示会话变量，LOCAL 与 SESSION 同义。若此项缺省，则默认为会话变量。
- 表达式|DEFAULT：表达式是为系统变量设定的新值，DEFAULT 是将系统变量的值恢复为默认值。

【例 9-3】将全局系统变量 sort_buffer_size 的值修改为 260000，并查看之。

代码如下。

```
SET @@GLOBAL.sort_buffer_size = 260000;
SELECT @@GLOBAL.sort_buffer_size;
```

运行结果如图 9-3 和图 9-4 所示。

信息	剖析	状态
SET @@GLOBAL.sort_buffer_size = 260000		
> OK		
> 时间: 0s		

图 9-3　将全局系统变量 sort_buffer_size 的值修改为 260000

图 9-4　查看全局系统变量 sort_buffer_size 的值

② 用户变量

用户可以在表达式中使用自己定义的变量，这样的变量叫作用户变量。使用用户变量前必须先进行定义和初始化。如果变量没有初始化，则它的值为 Null。

用户变量与连接有关。一个客户端定义的变量不能被其他客户端看到或使用。当客户端退出时，该客户端连接的所有用户变量将自动释放。

定义和初始化用户变量可以使用 SET 语句，其基本语法格式如下。

```
SET @用户变量名 1= 表达式 1, …
```

利用 SET 语句可以同时定义多个变量，每个变量之间用逗号分隔。参数说明如下。

- @用户变量名 1：@符号必须放在一个用户变量的前面，以便将它和字段名区分开。用户变量名由当前字符集的文字数字字符、"."、"_" 和 "$" 组成。当变量名中需要包含一些特殊符号（如空格、#等）时，可以使用双引号或单引号将整个变量括起来。
- 表达式 1：要给变量赋的值，可以是常量、变量或表达式。

当一个用户变量被创建后，它可以以一种特殊形式的表达式用于其他 SQL 语句中。变量名前面也必须加上符号@，开发人员可以使用查询给变量赋值。

【例 9-4】创建用户变量 username 并赋值为"李园",用户变量 score 赋值为 90。查询这两个变量的值。

代码如下。

```
SET @username = '李园',@score = 90;
SELECT @username,@score;
```

运行结果如图 9-5 和图 9-6 所示。

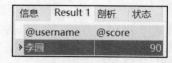

图 9-5 创建用户变量 username 和 score   图 9-6 查询用户变量 username 和 score

【例 9-5】查询表 readers 中 readername 为"殷欣"的 readerid,并将该值保存在用户变量 id_reader 中。

代码如下。

```
SET @id_reader = (SELECT readerid FROM readers WHERE readername = '殷欣');
```

运行结果如图 9-7 所示。

图 9-7 创建用户变量 id_reader 并赋值

【例 9-6】查询 borrow 表中 readerid 等于变量 id_reader 的 borrowid。

代码如下。

```
SELECT borrowid FROM borrow WHERE readerid = @id_reader;
```

运行结果如图 9-8 所示。

③ 局部变量

局部变量可以使用 DECLARE 语句定义,它的作用范围只局限在 BEGIN…END 语句块中。局部变量的赋值方法与用户变量相同,与用户变量不同的是局部变量不用@符号开头。其基本语法格式如下。

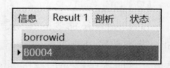

图 9-8 查询 borrow 表中 readerid
等于变量 id_reader 的 borrowid

```
DELARE 局部变量名 1, … 类型 [DEFALUT 值]
```

参数说明如下。

● 局部变量名 1,…:局部变量名是用户自定义的局部变量的名字,这里可以一次定义多个局部变量,每个变量名之间用逗号分隔。

● 类型:局部变量的数据类型。

● DEFAULT 值:可选项。将用户变量的默认初始值设为 DEFAULT 值,此项缺省时默认值为 Null。

【例 9-7】定义局部变量 num,数据类型为 INT,默认值为 10。

代码如下。

```
DECLARE num INT DEFAULT 10;
```

【例 9-8】定义局部变量 authorname 和 pressname，将 books 表中书名为"大数据时代"的作者姓名和出版社名称分别赋给变量 authorname 和 pressname。

代码如下。

```
DECLARE authorname,pressname;
SELECT author,press INTO authorname,pressname WHERE bookname = '大数据时代';
```

这里使用了 SELECT…INTO 语句将选定的列值直接存储到变量中。

2. SQL 流程控制语句

结构化程序设计语言的基本结构是顺序结构、条件分支结构和循环结构。顺序结构是一种自然结构，条件分支结构和循环结构需要根据程序的执行情况对程序的执行顺序进行调整和控制。在 SQL 中，流程控制语句就是用来控制程序执行流程的语句，使用流程控制语句可以提高编程语言的处理能力。

注意：流程控制语句只能放在存储过程和函数或触发器中控制程序的执行流程，不能单独执行。

（1）BEGIN…END 语句块

BEGIN…END 可以定义 SQL 语句块，这些语句块作为一组语句执行，并且允许语句嵌套。其基本语法结构如下。

```
BEGIN
{
语句序列
}
END
```

（2）DELIMITER 命令

DELIMITER 命令的作用是修改 MySQL 语句的结束标志符号。在 MySQL 中，服务器处理语句的时候都是以";"为结束标志。但是，在 BEGIN…END 等复合语句块中，可能包含多个 SQL 语句，这时服务器处理程序遇到第一个分号就会认为程序结束。因此，这里需要使用 DELIMITER 命令将 MySQL 语句的结束标志修改为其他符号。其基本语法结构如下。

```
DELIMITER 结束符
```

语法说明：

结束符是用户自定义的，通常是一些特殊的符号，如##、$$等。注意，应当避免使用"\"字符，因为它是 MySQL 的转义字符。例如，下面的代码：

```
DELIMITER ##
SELECT * FROM books WHERE bookname = '时间简史'##
DELIMITER ;
```

最后一行代码恢复使用分号作为结束符。

（3）条件分支语句

① IF 语句

IF-THEN-ELSE 语句用于控制程序根据不同的条件执行不同的操作。其基本语法格式如下。

```
IF 条件表达式 1 THEN 语句序列 1
[ELSEIF 条件表达式 2 THEN 语句序列 2] …
[ELSE 语句序列 e]
END IF
```

参数说明如下。

- 条件表达式：是判断的条件。当条件表达式的值为 TRUE，就执行相应的 SQL 语句。
- 语句序列：包含一个或多个 SQL 语句。

【例 9-9】使用 IF 语句查询 bookname 为"见识"的 info，如果查询结果为空，则显示"信息为空"，否则显示其 info 内容。

代码如下。

```
IF (SELECT info FROM books WHERE bookname = '见识') IS NULL THEN
    SELECT '信息为空' AS 图书信息;
ELSE
    SELECT info FROM books WHERE bookname = '见识';
END IF;
```

【例 9-10】判断输入的两个参数 x 和 y 的大小关系，并将结果放在变量 result 中。

代码如下。

```
IF x > y THEN
    SET result = 'x 大于 y';
ELSEIF x = y THEN
    SET result = 'x 等于 y';
ELSE
    SET result = 'x 小于 y';
END IF;
```

② CASE 语句

CASE 是另一个进行条件判断的语句，它有如下两种语法格式。

```
CASE 表达式
    WHEN 值 1 THEN 语句序列 1
    ……
    [ELSE 语句序列 e]
END CASE
```

语法说明：

表达式是要被判断的值或表达式。接下来是一系列的 WHEN-THEN 块，每一个块的值参数都要与表达式的值进行比较。如果匹配，就执行语句序列中的 SQL 语句；如果每一个块都不匹配，就执行 ELSE 块指定的语句。CASE 语句最后以 END CASE 结束。

```
CASE
    WHEN 条件 1 THEN 语句序列 1
```

......
```
     [ELSE 语句序列 e]
END CASE
```

语法说明：

CASE 关键字后面没有参数，在 WHEN-THEN 块中，条件指定了一个比较表达式，表达式为 TRUE 时执行 THEN 后面的语句。如果每一个 WHEN-THEN 块都不匹配，就会执行 ELSE 块指定的语句。CASE 语句最后以 END CASE 结束。

【例 9-11】统计 books 表中图书数量的平均值，并利用 CASE 语句显示其数量水平。

代码如下。

```
DECLARE num INT DEFAULT 0;
SELECT AVG(number) INTO num FROM books;
CASE
  WHEN num > 10 THEN
    SELECT '数量较多' AS 数量水平;
  WHEN num < 5 THEN
    SELECT '数量较少' AS 数量水平;
ELSE
    SELECT '数量中等' AS 数量水平;
END CASE;
```

（4）循环语句

MySQL 支持 3 种创建循环的语句，分别为 WHILE、REPEAT 和 LOOP 语句。

① WHILE 语句

其语法格式如下。

```
WHILE 条件表达式 DO
程序段
END WHILE
```

语法说明：

WHILE 语句首先判断条件表达式的值是否为 TRUE，为 TRUE 时执行程序段中的语句，然后再次进行判断，若仍为 TRUE 则继续循环，不为 TRUE 则结束循环。

【例 9-12】使用 WHILE 语句创建一个执行 5 次的循环。

代码如下。

```
DECLARE a INT DEFAULT 5;
WHILE  a > 0 DO
   SET a = a-1;
END WHILE;
```

② REPEAT 语句

其语法格式如下。

```
REPEAT
程序段
UNTIL 条件表达式
```

```
END REPEAT
```

语法说明：

REPEAT 语句首先执行程序段中的语句，然后判断条件表达式的值是否为 TRUE，为 TRUE 则继续循环，不为 TRUE 则结束循环。

REPEAT 语句和 WHILE 语句的区别在于：REPEAT 语句先执行语句，后进行判断；而 WHILE 语句是先判断，当条件表达式的值为 TRUE 时才执行循环语句。

【例 9-13】用 REPEAT 语句替换上面的 WHILE 循环。

代码如下。

```
DECLARE a INT DEFAULT 5;
REPEAT
    a = a-1;
  UNTIL a < 1 ;
END REPEAT;
```

③ LOOP 语句

其语法格式如下。

```
 [语句标号: ] LOOP
程序段
END LOOP [语句标号]
```

语法说明：

LOOP 语句允许某特定语句或语句群的重复执行，以实现一个简单的循环构造。程序段是需要重复执行的语句。在循环内的语句会一直重复至循环被退出，退出时通常伴随一个 LEAVE 语句。

④ LEAVE 语句

LEAVE 语句经常和 BEGIN…END 或循环一起使用，其基本语法格式如下。

```
LEAVE 语句标号
```

语法说明：

语句标号是语句中标注的名字，这个名字是自定义的，加上 LEAVE 关键字就可以用来退出被标注的循环语句。

【例 9-14】使用 LOOP 语句重写上面的循环过程。

代码如下。

```
SET @a = 5;
label1: LOOP
    SET @a = @a-1;
    IF @a<1 THEN
      LEAVE label1;
    END IF;
END LOOP label1;
```

3. 注释

注释是程序代码中不被执行的文本字符串，用于对代码进行说明或进行诊断的部分语句。

MySQL 支持以下 3 种注释方式。

（1）#：从#到行尾都是注释内容。

（2）--：从--到行尾都是注释内容，注意--后面必须有一个空格。

（3）/*...*/：/*和*/之间的所有内容都是注释，通常用于多行注释。

9.1.2 系统内置函数

MySQL 提供了大量的系统内置函数，它们功能强大、方便易用。使用这些函数可以极大地提高用户对数据库的管理效率，更加灵活地满足不同用户的需求。从功能上可以将系统内置函数分为以下几类：字符串函数、数学函数、日期和时间函数、条件判断函数、系统信息函数和加密函数等。以下是对常用系统内置函数的说明。

1. 字符串函数

（1）CONCAT(s1,s2,...,sn)：把传入的参数连接成一个字符串。

（2）INSERT(str,m,n,inser_str)：将 str 从 m 位置开始的 n 个字符替换为 inser_str。

（3）LOWER(str)/UPPER(str)：将字符串 str 转换成小写/大写。

（4）LEFT(str,n)/RIGHT(str,n)：分别返回 str 最左边/最右边的 n 个字符，如果 n<=> Null，则不返回任何东西。

（5）LPAD(str,n,pad)/RPAD(str,n,pad)：用字符串 pad 对 str 的最左边/最右边进行填充，直到 str 含有 n 个字符为止。

（6）TRIM(str)/LTRIM(str)/RTRIM(str)：去除字符串 str 的左右空格/左空格/右空格。

（7）REPLACE(str,sear_str,sub_str)：将字符串 str 中出现的所有 sear_str 字符串替换为 sub_str。

（8）STRCMP(str1,str2)：以 ASCII 码比较字符串 str1 和 str2，并返回-1(str1< str2)/0(str1=str2)/1(str1 > str2)。

（9）SUBSTRING(str,n,m)：返回字符串 str 中从 n 起 m 个字符长度的字符串。

2. 数学函数

（1）ABS(x)：返回 x 的绝对值。

（2）CEIL(x)：返回大于 x 的最小整数。

（3）FLOOR(x)：返回小于 x 的最大整数。

（4）MOD(x,y)：返回 x/y 的模，与 x%y 的作用相同。

（5）RAND()：返回 0~1 的随机数。

（6）ROUND(n,m)：返回 n 四舍五入之后含有 m 位小数的值，m 值默认为 0。

（7）TRUNCATE(n,m)：返回数字 n 被截断为 m 位小数的值。

3. 日期和时间函数

（1）CURDATE()：返回当前日期。

（2）CURTIME()：返回当前时间。

（3）NOW()：返回当前日期+时间。

（4）UNIX_TIMESTAMP(NOW())：返回 UNIX 当前时间的时间戳。

（5）FROM_UNIXTIME()：将时间戳（整数）转换为"日期+时间（xx-xx-xxxx:xx:xx）"的形式。

（6）WEEK(NOW())：返回当前时间是第几周。

（7）YEAR(NOW())：返回当前是 XXXX 年。

（8）HOUR(NOW())/HOUR(CURTIME())：返回当前时间的小时数。

（9）MINUTE(CURTIME())：返回当前时间的分钟数。

（10）MONTHNAME(NOW())/MONTHNAME(CURDATE())：返回当前月的英文名。

（11）DATE_FORMAT(NOW(),"%Y-%M-%D%H:%I%S")：将当前时间格式化。

4．流程控制函数

（1）IF(value,true,false)：如果 value 值为真，则返回 true，否则返回 false。

（2）IFNULL(value1,value2)：如果 value1 不为空，则返回 value1,否则返回 value2。

（3）CASEWHEN [value] THEN … ELSE …END：如果 value 值为真，则执行 THEN 后的语句，否则执行 ELSE 后的语句。

5．其他函数

（1）DATABASE()：返回当前打开的数据库。

（2）VERSION()：返回当前使用的数据库版本。

（3）USER()：返回当前登录的用户。

（4）INET_ATON(ip)：返回 ip 地址的网络字节顺序。

（5）INET_NTOA：返回数字代表的 ip。

（6）PASSWORD(str)：返回加密的 str 字符串。

（7）MD5()：在应用程序中进行数据加密。

【例 9-15】返回不小于-1.23 的最小整数及不大于-1.23 的最大整数。

代码如下。

```
SELECT CEIL(-1.23),FLOOR(-1.23);
```

运行结果如图 9-9 所示。

【例 9-16】返回 books 表中书名最左边的 3 个字符。

代码如下。

```
SELECT LEFT(bookname,3) FROM books;
```

运行结果如图 9-10 所示。

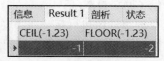

图 9-9　返回不小于-1.23 的最小整数及不大于-1.23 的最大整数　　图 9-10 返回 books 表中书名最左边的 3 个字符

【例 9-17】返回当前的日期和时间。

代码如下。

```
SELECT NOW();
```

运行结果如图 9-11 所示。

【例 9-18】返回 readers 表中姓"郭"读者的姓名和所在学院。如果学院为"计算机学院",则显示为"1",否则显示为"0"。

代码如下。

```
SELECT readername,IF(school = '计算机学院',1,0) AS 学院
FROM readers WHERE readername LIKE '郭%';
```

运行结果如图 9-12 所示。

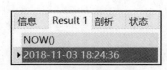

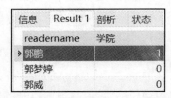

图 9-11　返回当前的日期和时间　　　　图 9-12　返回 readers 表中姓"郭"读者的姓名和所在学院

9.2 存储过程和函数

存储过程（Stored Procedure）和函数（Stored Function）是在数据库中定义一些完成特定功能的 SQL 语句集合，经编译后存储在数据库中。存储过程和函数中可包含流程控制语句及各种 SQL 语句。它们可以接受参数、输出参数、返回单个或者多个结果。

在 MySQL 中使用存储过程有以下 5 个优点。

（1）存储过程增强了 SQL 的功能和灵活性。存储过程可以用流程控制语句编写，有很强的灵活性，可以完成复杂的判断和较复杂的运算。

（2）存储过程允许标准组件是编程。存储过程被创建后，可以在程序中被多次调用，而不必重新编写。而且数据库专业人员可以随时对存储过程进行修改，对应用程序源代码毫无影响。

（3）存储过程能实现较快的执行速度。如果某一操作包含大量的 SQL 代码或分别被多次执行，那么存储过程要比批处理的执行速度快很多。存储过程是预编译的，在首次运行一个存储过程时，优化器会对其进行优化分析，并且给出最终被存储在系统表中的执行计划。而批处理的 SQL 语句在每次运行时都要进行编译和优化，速度相对要慢。

（4）存储过程能够减少网络流量。针对同一个数据库对象的操作（如查询、修改等），如果这一操作涉及的 SQL 语句被组织成存储过程，那么当客户在计算机上调用该存储过程时，网络中传送的只是该调用语句，从而大大减少了网络流量并降低了网络负载。

（5）存储过程可被作为一种安全机制充分利用。系统管理员通过执行某一存储过程的权限，能够实现对相应数据访问权限的限制，避免非授权用户对数据的访问，保证数据的安全。

9.2.1 创建和调用存储过程

1. 创建存储过程

使用 CREATE PROCEDURE 语句可以创建存储过程，其基本语法格式如下。

```
CREATE PROCEDURE 存储过程名([参数1，…]) [特性]
存储过程体
```

参数说明如下。

● 存储过程名：用户自行指定的存储过程的名称，默认在当前数据库中创建。在特定数据库中创建时，要在名称前面加上数据库的名称，格式为数据库名.存储过程名。注意，这个名称应当尽量避免与 MySQL 的内置函数名称相同，否则会发生错误。

● [参数1，…：参数列表，可选项。一个参数的格式为[IN|OUT|INOUT] 参数名 类型。IN 是输入参数，OUT 是输出参数，INOUT 既可以充当输入参数，也可以充当输出参数，默认值为 IN；参数名表示参数的名称；类型表示参数的类型。当有多个参数时，各个参数之间用逗号分隔。存储过程可以有 0 个或多个参数，没有参数时后面的()不能省略。另外，参数的名字不要等于列的名字，如果等于，虽然不会报错，但是存储过程中 SQL 语句会将参数名看作列名，从而引发不可预知的结果。

● [特性]：特性（characteristicse）列表，可选项。特性参数的基本语法格式如下。

```
| LANGUAGE SQL
| [NOT] DETERMINISTIC
| { CONTAINS SQL | NO SQL | READS SQL DATA | MODIFIES SQL DATA }
| SQL SECURITY { DEFINER | INVOKER }
|COMMENT 'string'
```

　　❖ LANGUAGE SQL：说明存储过程体部分是由 SQL 语句组成的。

　　❖ [NOT] DETERMINISTIC：指明存储过程执行的结果是否正确。

　　❖ {CONTAINS SQL | NO SQL| READS SQL DATA |MODIFIES SQL DATA}：指明子程序使用 SQL 语句的限制。

　　　　➢ CONTAINS SQL：表明子程序包含 SQL 语句，但是不包含读写数据的语句。默认情况下，系统会指定 CONTAINS SQL。

　　　　➢ NO SQL：表明子程序中不包含 SQL 语句。

　　　　➢ READS SQL DATA：表明子程序包含读数据的语句。

　　　　➢ MODIFIES SQL DATA：表明子程序包含写数据的语句。

● SQL SECURITY {DEFINER | INVOKER}：指明谁有权限执行。DEFINER 表示只有定义者才能执行；INVOKER 表示拥有权限的调用者可以执行。默认情况下，系统指定 DEFINER。

● COMMENT 'string'：注释信息，用来描述存储过程或者函数。

● 存储过程体：存储过程的主体部分，即调用存储过程时将要执行的一条或多条语句。多条语句要使用 BEGIN…END 复合语句结构。

2. 调用存储过程

存储过程创建完后，可以在程序、触发器或者存储过程中被调用，调用时都必须使用 CALL 语句。其语法格式如下。

```
CALL 存储过程名([参数1, …])
```

其中，参数列表为调用该存储过程使用的参数，其个数必须总是等于定义存储过程的参数个数。

【例 9-19】创建存储过程 query_readers，实现查询 readers 表中读者总人数的功能。调用这个存储过程。

（1）创建存储过程 query_readers，代码如下。

```
CREATE PROCEDURE query_readers()
SELECT count(*) FROM readers;
```

运行结果如图 9-13 所示。

（2）调用存储过程 query_readers，代码如下。

```
CALL query_readers();
```

运行结果如图 9-14 所示。

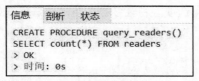

图 9-13　创建存储过程 query_readers

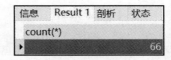

图 9-14　调用存储过程 query_readers

【例 9-20】创建存储过程 del_readers，实现删除 readers 表中某个指定姓名的读者信息。

（1）创建存储过程 del_readers，代码如下。

```
CREATE PROCEDURE del_readers(IN xm VARCHAR(50))
DELETE FROM readers WHERE readername = xm;
```

运行结果如图 9-15 所示。

```
信息   剖析   状态
CREATE PROCEDURE del_readers(IN xm VARCHAR(50))
DELETE FROM readers WHERE readername = xm
> Affected rows: 0
> 时间: 0s
```

图 9-15　创建存储过程 del_readers

（2）以删除姓名为"胡峰"的读者信息为例验证这个存储过程的调用。调用前先查询读者"胡峰"的信息，代码如下。

```
SELECT * FROM readers WHERE readername = '胡峰';
```

运行结果如图 9-16 所示。

图 9-16 查询读者"胡峰"的信息

（3）调用存储过程 del_readers，代码如下。

```
CALL del_readers('胡峰');
```

运行结果如图 9-17 所示。

（4）调用后查询读者"胡峰"的信息，代码如下。

```
SELECT * FROM readers WHERE readername = '胡峰';
```

运行结果如图 9-18 所示。

图 9-17 调用存储过程 del_readers

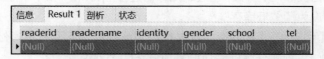

图 9-18 调用后查询读者"胡峰"的信息

由图 9-18 可知，通过调用存储过程 del_readers，读者"胡峰"的信息已经被删除了。

【例 9-21】创建存储过程 update_info，设置 books 表中 number 小于 3 的图书的 info 为"低库存"。

（1）创建存储过程 update_info，代码如下。

```
CREATE PROCEDURE update_info()
BEGIN
    UPDATE books set info = '低库存' WHERE number < 3 ;
END;
```

运行结果如图 9-19 所示。

```
信息  剖析  状态
CREATE PROCEDURE update_info()
BEGIN
              UPDATE books set info = '低库存' WHERE number < 3 ;
END
> Affected rows: 0
> 时间: 0s
```

图 9-19 创建存储过程 update_info

（2）调用存储过程 update_info，代码如下。

```
CALL update_info();
```

运行结果如图 9-20 所示。

```
信息  剖析  状态
CALL update_info()
> OK
> 时间: 0.002s
```

图 9-20 调用存储过程 update_info

（3）查询 books 表中 number 小于 3 的图书信息，代码如下。

```
SELECT * FROM books WHERE number < 3;
```

运行结果如图 9-21 所示。

信息	Result 1	剖析	状态					
bookid	bookname	author	press	pubdate	type	number	info
L0001	高兴死了	珍妮罗森	江苏凤凰文艺出版	2018-04-20	文学	2	低库存
L0004	巨人的陨落	肯福莱特	江苏凤凰文艺出版	2016-05-01	文学	2	低库存
L0005	使女的故事	玛格丽特阿特伍德	上海译文出版社有	2017-12-27	文学	2	低库存
S0004	乡土中国	费孝通	北京大学出版社	2016-07-01	社会科学	2	低库存
T0003	新版剑桥BEC考	剑桥大学外语考试	商务印书馆	2015-09-01	教辅	1	低库存

图 9-21　查询 books 表中 number 小于 3 的图书信息

由图 9-21 可知，通过调用存储过程 update_info，books 表中 number 小于 3 的图书的 info 都被设为了"低库存"。

【例 9-22】创建存储过程 query_quarter，实现根据月份返回所在的季度。

（1）创建存储过程 query_quarter，代码如下。

```
CREATE PROCEDURE query_quarter(IN mon INT,OUT quarter_name VARCHAR(8))
BEGIN
    CASE
        WHEN mon in(1,2,3) THEN SET quarter_name = '一季度';
        WHEN mon in(4,5,6) THEN SET quarter_name = '二季度';
        WHEN mon in(7,8,9) THEN SET quarter_name = '三季度';
        WHEN mon in(10,11,12) THEN SET quarter_name = '四季度';
    ELSE SET quarter_name = '输入错误';
    END CASE;
END;
```

运行结果如图 9-22 所示。

```
信息    剖析    状态

CREATE PROCEDURE query_quarter(IN mon INT,OUT quarter_name VARCHAR(8))
BEGIN
                CASE
                    WHEN mon in(1,2,3) THEN SET quarter_name = '一季度';
                    WHEN mon in(4,5,6) THEN SET quarter_name = '二季度';
                    WHEN mon in(7,8,9) THEN SET quarter_name = '三季度';
                    WHEN mon in(10,11,12) THEN SET quarter_name = '四季度';
                ELSE SET quarter_name = '输入错误';
                END CASE;
END
> OK
> 时间: 0.001s
```

图 9-22　创建存储过程 query_quarter

（2）调用存储过程 query_quarter，查询 7 月份所在的季度，代码如下。

```
CALL query_quarter(7,@result);
```

运行结果如图 9-23 所示。

（3）查询调用存储过程 query_quarter 的结果，代码如下。

```
SELECT @result;
```

运行结果如图 9-24 所示。

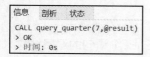

图 9-23　调用存储过程 query_quarter　　　　图 9-24　查询调用存储过程 query_quarter 的结果

9.2.2　创建和调用存储函数

存储函数也是过程式对象之一，和存储过程都是由 SQL 和过程式语句组成的代码片段，并且可以从应用程序和 SQL 中调用。不过，它们之间也有一些区别，主要有以下 3 点。

（1）存储函数没有输出参数，因为存储函数本身就是输出参数。

（2）存储函数不能使用 CALL 语句调用。

（3）存储函数必须包含一条 RETURN 语句，而存储过程则不允许包含。

1. 创建存储函数

使用 CREATE FUNCTION 语句可以创建存储函数，其基本语法格式如下。

```
CREATE FUNCTION 存储函数名([参数 1，…]) [特性]
RETURNS 类型
存储函数体
```

参数说明如下。

- 存储函数名：用户自行指定的存储函数的名称，默认在当前数据库中创建。需要在特定数据库中创建时，要在名称前面加上数据库的名称，格式为数据库名.存储函数名。注意，这个名称应当尽量避免与 MySQL 的内置函数名称相同，否则会发生错误。

- [参数 1，…]：参数列表，可选项。一个参数的格式为：参数名 类型。参数名表示参数的名称；类型表示参数的类型。存储函数只有输入参数，没有输出参数。当有多个参数时，各个参数之间用逗号分隔。存储函数可以有 0 个或多个参数，没有参数时后面的( )不能省略。

- [特性]： 特性（characteristicse）列表，可选项。其值说明同存储过程。

- RETURNS 类型：声明函数返回值的数据类型。

- 存储函数体：存储函数的主体，即调用存储函数时将要执行的一条或多条语句。多条语句要使用 BEGIN…END 复合语句结构。和存储过程不同的是,存储函数体必须包含一个 RETURN 值语句，其中 RETURN 值为存储函数的返回值。相反，存储过程中不允许使用 RETURN 语句。

2. 调用存储函数

调用存储函数的方法和使用系统的内置函数一样，使用 SELECT 语句就可以查看函数的返回值。

【例 9-23】创建存储函数 num_readers，返回 readers 表中读者的总人数，然后调用这个函数。

（1）创建存储函数 num_readers，代码如下。

```
CREATE FUNCTION num_readers()
RETURNS INT
RETURN (SELECT COUNT(*) FROM readers);
```

运行结果如图 9-25 所示。

注意，当 RUTURN 子句中包含 SELECT 语句时，SELECT 语句的返回结果只能是一行并且只能有一列值。

（2）调用存储函数 num_readers，代码如下。

```
SELECT num_readers();
```

运行结果如图 9-26 所示。

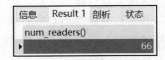

图 9-25　创建存储函数 num_readers

图 9-26　调用存储函数 num_readers

【例 9-24】创建存储函数 press_books，返回 books 表中某本书的出版社，然后调用这个函数。

（1）创建存储函数 press_books，代码如下。

```
CREATE FUNCTION press_books(book_name VARCHAR(50))
RETURNS VARCHAR(50)
RETURN (SELECT press FROM books WHERE bookname = book_name);
```

运行结果如图 9-27 所示。

这个存储函数要求给定书名 book_name，返回该书对应的出版社。

（2）以图书"时间简史"为例，调用存储函数 press_books，代码如下。

```
SELECT press_books('时间简史');
```

运行结果如图 9-28 所示。

图 9-27　创建存储函数 press_books

图 9-28　调用存储函数 Press_books

【例 9-25】创建存储函数 author_books，通过调用存储函数 press_books 获得某图书的出版社，并判断是否是"人民出版社"，若是，则返回该书的作者；若不是，则返回"不合要求"。

（1）创建存储函数 author_books，代码如下。

```
CREATE FUNCTION author_books(book_name VARCHAR(50))
RETURNS VARCHAR(50)
```

```
BEGIN
    DECLARE name VARCHAR(50);
    SELECT press_books(book_name) INTO name;
  IF name = '人民出版社' THEN
    RETURN (SELECT author FROM books WHERE bookname = book_name);
    ELSE
    RETURN '不合要求';
    END IF;
END;
```

运行结果如图 9-29 所示。

图 9-29 创建存储函数 author_books

（2）以图书"时间简史"为例，调用存储函数 author_books，代码如下。

```
SELECT author_books('时间简史');
```

运行结果如图 9-30 所示。

图 9-30 调用存储函数 author_books

9.2.3 查看存储过程和函数

1. 使用 SHOW STATUS 语句查看存储过程和函数的状态

使用 SHOW STATUS 语句可以查看存储过程和函数的状态，其基本语法格式如下。

```
SHOW PROCEDURE|FUNCTION STATUS [LIKE '字符串']
```

参数说明如下。

● PROCEDURE|FUNCTION：查看存储过程使用 SHOW PROCEDURE 语句，查看存储函数使用 SHOW FUNCTION 语句。

● [LIKE '字符串']：可选项，表示匹配存储过程或函数的名称。如果没有指定，则所有存储过程或函数的信息都将被列出。

这个语句是 MySQL 的一个扩展，它返回子程序的特征，如数据库、名字、类型、创建者及创建和修改日期等信息。

【例 9-26】查看所有名称以"u"开头的存储过程。

代码如下。

```
SHOW PROCEDURE STATUS LIKE 'u%';
```

运行结果如图 9-31 所示。

信息	Result 1	剖析	状态							
Db	Name	Type	Definer	Modified	Created	Security_type	Comment	character_set_clie	collatio
library	update_info	PROCEDURE	root@localhost	2018-11-02 14:17:17	2018-11-02 14:17:17	DEFINER		utf8mb4	utf8mb

图 9-31　查看所有名称以"u"开头的存储过程

2. 使用 SHOW CREATE 语句查看存储过程和函数的定义

除 SHOW STATUS 外，MySQL 还可以使用 SHOW CREATE 语句查看存储过程和函数的状态。其基本语法格式如下。

SHOW CREATE PROCEDURE|FUNCTION 存储过程或函数名

这个语句是 MySQL 的一个扩展，类似于 SHOW CREATE TABLE，它返回一个可用来重新创建已命名子程序的确切字符串。PROCEDURE 和 FUNCTION 分别表示查看存储过程和函数。

【例 9-27】查看存储过程 update_info 的定义。

代码如下。

```
SHOW CREATE PROCEDURE update_info;
```

运行结果如图 9-32 所示。

信息	Result 1	剖析	状态			
Procedure	sql_mode	Create Procedure	character_set_client	collation_connection	Database Collation
update_info	STRICT_TRANS_TABLE	CREATE DEFINER	utf8mb4	utf8mb4_general_ci	utf8_general_ci

图 9-32　查看存储过程 update_info 的定义

3. 从 information_schema.Routines 表中查看存储过程和函数的信息

MySQL 中存储过程和函数的信息存储在 information_schema 数据库下的 Routines 表中，可以通过查询该表的记录查询存储过程和函数的信息。其基本语法格式如下。

```
SELECT * FROM information_schema.Routines
WHERE ROUTINE_NAME = '存储过程或函数名'
```

其中，ROUTINE_NAME 字段中存储的是存储过程或函数的名称。通过 SELECT 可以查看 Routines 表的全部或部分字段信息。

【例 9-28】从 Routines 表中查询存储过程 update_info 的信息。

代码如下。

```
SELECT * FROM information_schema.Routines
WHERE ROUTINE_NAME = 'update_info'';
```

运行结果如图 9-33 所示。

信息	Result 1	剖析	状态						
SPECIFIC_NAME	ROUTINE_CATAL	ROUTINE_SCHEM	ROUTINE_NAME	ROUTINE_TYPE	DATA_TYPE	CHARACTER_MA	CHARACTER_OC	NUMERIC_PRECI
update_info	def	library	update_info	PROCEDURE		(Null)	(Null)	(Null)

图 9-33　从 Routines 表中查询存储过程 update_info 的信息

9.2.4　修改存储过程和函数

使用 ALTER 语句可以修改存储过程或函数的特性，其基本语法格式如下：

```
ALTER PROCEDURE|FUNCTION 存储过程或函数名 [特性]
```

参数说明如下。

- PROCEDURE|FUNCTION：修改存储过程使用 ALTER PROCEDURE 语句，修改存储函数使用 ALTER FUNCTION 语句。这两个语句的结构是一样的，语句中的所有参数也是一样的。
- 特性：指定存储过程或函数的特性，其值和创建语句时的参数一样。

【例 9-29】修改存储函数 num_readers 的定义，将读取权限改为 READS SQL DATA，并加上注释信息"读者总人数"。

（1）使用 ALTER 语句修改存储函数的定义，代码如下。

```
ALTER FUNCTION num_readers
READS SQL DATA
COMMENT '读者总人数';
```

运行结果如图 9-34 所示。

（2）查看修改后的存储函数信息，代码如下。

```
SELECT SPECIFIC_NAME,SQL_DATA_ACCESS,ROUTINE_COMMENT
FROM information_schema.Routines
WHERE ROUTINE_NAME = 'num_readers' ;
```

运行结果如图 9-35 所示。

信息	剖析	状态
ALTER FUNCTION num_readers READS SQL DATA COMMENT '读者总人数' > OK > 时间: 0s		

图 9-34　使用 ALTER 语句修改存储函数的定义

信息	Result 1	剖析	状态
SPECIFIC_NAME	SQL_DATA_ACCESS	ROUTINE_COMMENT	
num_readers	READS SQL DATA	读者总人数	

图 9-35　查看修改后的存储函数信息

由图 9-35 可知，存储函数的定义修改成功。访问数据的权限（SQL_DATA_ACCESS）已经变成 READS SQL DATA，函数注释（ROUTINE_COMMENT）已经变成"读者总人数"。

9.2.5　删除存储过程和函数

删除存储过程和函数可以使用 DROP 语句，其语法格式如下。

```
DROP PROCEDURE|FUNCTION [IF EXISTS] [数据库名.]存储函数或过程名
```

删除存储过程使用 DROP PROCEDURE 语句，删除存储函数使用 DROP FUNCTION 语句。

【例 9-30】删除存储过程 del_readers。

代码如下。

```
DROP PROCEDURE IF EXISTS del_readers;
```

运行结果如图 9-36 所示。

图 9-36 删除存储过程 del_readers

9.3 设置触发器

触发器（Trigger）是一种特殊的存储过程，它也是嵌入 MySQL 中的一段程序。和存储过程不同的是，触发器不需要使用 CALL 语句调用，也不需要手工启动。触发器是由事件来触发某个操作过程的，事件包括 INSERT、UPDATE 和 DELETE 语句。当一个预定义的事件发生时，触发器才会自动执行。

触发器是用来保护表中数据的。触发器基于一个表创建，但是可以针对多个表进行操作，所以，触发器可用来对表实施复杂的完整性约束。例如，当要修改 library 库中 books 表中一本图书的 bookid 时，该图书在 borrow 表中的所有数据也要同时更新。通过定义 UPDATE 触发器可以实现这一操作，进而可以保证数据的完整性。

9.3.1 创建触发器

因为触发器是一种特殊的存储过程，所以触发器的创建和存储过程的创建方式有很多相似之处，其基本语法格式如下。

```
CREATE TRIGGER 触发器名 触发时间 触发事件
ON 表名 FOR EACH ROW 触发器动作
```

参数说明如下。

● 触发器名：用户自行指定的触发器的名称，默认在当前数据库中创建。需要在特定数据库中创建时，要在名称前面加上数据库的名称，格式为数据库名.触发器名。

● 触发事件：激活触发程序的语句类型，包括 INSERT、UPDATE 和 DELETE 语句。

● 触发器动作：触发器激活时执行的 SQL 语句。如果执行的是多条语句，则要使用 BEGIN…END 复合语句结构。当触发动作的语句涉及触发事件中变化的行时，可以使用 NEW 或者 OLD 标识这些行。对于 INSERT 触发事件，只有 NEW 合法，它可标识新插入的行；对于 DELETE 触发事件，只有 OLD 合法，它可标识删除的行；对于 UPDATE 触发事件，可以同时使用 NEW 或 OLD，NEW 标识更新之后对应的行，OLD 标识更新之前对应的行。

● 触发时间：触发器触发的时刻，有 AFTER 和 BEFORE 两个选项，分别表示触发动作是在触发事件之前发生，还是在触发事件之后发生。如果想在触发事件之后执行几个或更多的改变操作，通常使用 AFTER；如果想在触发事件之前验证新数据是否满足使用的限制，则使用 BEFORE。当触发器涉及对触发表自身的更新操作时，触发时间只能使用 BEFORE，不能用

AFTER。

- 表名：建立触发器的表名，在该表上发生触发事件时才会激活触发器。同一个表不能拥有两个具有相同触发时间和事件的触发器。
- FOR EACH ROW：指定行级触发，即对于触发事件影响的每一行，都要激活触发器的动作。例如，当使用一条语句向一个表中添加一组行时，每添加一行都会执行相应的触发动作。MySQL 只支持行级触发，因此必须写 FOR EACH ROW。有的数据库（如 Oracle）的触发器分行级触发和语句级触发，没有 FOR EACH ROW 时即语句级触发，此时，触发事件无论影响多少行都只执行一次触发动作。

注意，触发器不能返回任何结果到客户端，也不能调用将数据返回客户端的存储过程。为了阻止从触发器返回结果，不要在触发器定义中包含 SELECT 语句。

【例 9-31】在表 books 上创建一个触发器，每次插入操作时，都将用户变量 str 的值设为“一本图书已添加”。

（1）创建触发器 books_insert，代码如下。

```
CREATE TRIGGER books_insert AFTER INSERT
ON books FOR EACH ROW
SET @str = '一本图书已添加';
```

运行结果如图 9-37 所示。

```
信息　剖析　状态
CREATE TRIGGER books_insert  AFTER INSERT
ON books FOR EACH ROW
SET @str = '一本图书已添加'
> Affected rows: 0
> 时间: 0.053s
```

图 9-37　创建触发器 books_insert

（2）在 books 表中插入一行新记录，代码如下。

```
INSERT INTO books
VALUES('C0006','数据库原理','DavidM. Kroenke','清华大学出版社','2008-07-01' ,'
计算机',5,NULL);
```

运行结果如图 9-38 所示。

```
信息　剖析　状态
INSERT INTO books
VALUES('C0006','数据库原理','DavidM. Kroenke','清华大学出版社','2008-07-01' ,'计算机',5,NULL)
> Affected rows: 1
> 时间: 0.015s
```

图 9-38　在 books 表中插入一行新记录

（3）查询用户变量 str，验证触发器的执行结果，代码如下。

```
SELECT @str;
```

运行结果如图 9-39 所示。

由图 9-39 可知，当向 books 表中插入新的一行时，INSERT 语句引发触发器执行触发动作，即用户变量 str 的值设为了“一本图书已添加”。

【例9-32】创建一个触发器，当删除表 readers 中某读者的记录时，将 borrow 表中与该读者相关的记录也全部删除。

（1）创建触发器 reader_del，代码如下。

```
CREATE TRIGGER reader_del AFTER DELETE
ON readers FOR EACH ROW
DELETE FROM borrow WHERE readerid = OLD.readerid;
```

运行结果如图9-40所示。

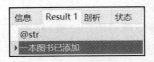

图9-39　查询用户变量 str

图9-40　创建触发器 reader_del

这里，触发器中的 OLD 用于标识在触发事件 DELETE 中被删除的行。

（2）以删除 readerid 为"S3006"的读者为例，验证触发器的执行结果。首先在删除前查询该读者在 borrow 表中的记录，代码如下。

```
SELECT * FROM borrow WHERE readerid = 'S3006';
```

运行结果如图9-41所示。

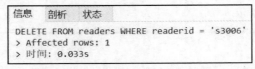

图9-41　在 borrow 表中查询 readerid 为"S3006"的记录

（3）删除 readers 表中 readerid 为"S3006"的记录，代码如下。

```
DELETE FROM readers WHERE readerid = 'S3006';
```

运行结果如图9-42所示。

图9-42　删除 readers 表中 readerid 为"S3006"的记录

（4）删除后查看 borrow 表中 readerid 为"S3006"的记录，代码如下。

```
SELECT * FROM borrow WHERE readerid = 'S3006';
```

运行结果如图9-43所示。

图9-43　删除后查看 borrow 表中 readerid 为"S3006"的记录

从上面的结果可以看到，当删除表 readers 中 readerid 为 "S3006" 的记录时，表 borrow 中与该读者相关的数据也同时被删除了。这是因为 DELETE 语句引发触发器执行了触发动作，即删除表 borrow 中相应的记录。

【例 9-33】创建一个触发器，当修改 readers 表中的 readerid 时，更新 borrow 表中相应的 readerid。

（1）创建触发器 readerid_update，代码如下。

```
CREATE TRIGGER readerid_update AFTER UPDATE
ON readers FOR EACH ROW
UPDATE borrow SET readerid = NEW.readerid WHERE readerid = OLD.readerid;
```

运行结果如图 9-44 所示。

```
信息    剖析    状态
CREATE TRIGGER readerid_update AFTER UPDATE
ON readers FOR EACH ROW
UPDATE borrow SET readerid = NEW.readerid WHERE readerid = OLD.readerid
> Affected rows: 0
> 时间: 0.034s
```

图 9-44　创建触发器 readerid_update

这里，触发器中的 OLD 用于标识触发事件 UPDATE 中更新前对应的行，NEW 用于标识更新后对应的行。

（2）以更新 readerid 为 "S1005" 的读者为例，验证触发器的执行结果。首先在更新前查询该读者在 borrow 表中的记录，代码如下。

```
SELECT * FROM borrow WHERE readerid = 'S1005';
```

运行结果如图 9-45 所示。

borrowid	bookid	readerid	borrowdate	num
B0002	C0005	S1005	2017-03-21 09:17:36	1

图 9-45　在 borrow 表中查询 readerid 为 "S1005" 的记录

（3）将 readers 表中的 readerid "S1005" 修改为 "S8001"，代码如下。

```
UPDATE readers SET readerid = 'S8001' WHERE readerid = 'S1005';
```

运行结果如图 9-46 所示。

```
信息    剖析    状态
UPDATE readers SET readerid = 'S8001' WHERE readerid = 'S1005'
> Affected rows: 1
> 时间: 0.037s
```

图 9-46　将 readers 表中的 readerid "S1005" 修改为 "S8001"

（4）在 borrow 表中查询 readerid 为 "S8001" 的记录，代码如下。

```
SELECT * FROM borrow WHERE readerid = 'S8001';
```

运行结果如图 9-47 所示。

信息	Result 1	剖析	状态		
borrowid	bookid	readerid	borrowdate		num
B0002	C0005	S8001	2017-03-21 09:17:36		1

图 9-47　在 borrow 表中查询 readerid 为 "S8001" 的记录

从上面的结果可以看到，当修改表 readers 中 readerid 为 "S1005" 的记录时，表 borrow 中与该读者相关的数据也同时被更新了。这是因为 UPDATE 语句引发触发器执行了触发动作，即更新表 borrow 中相应的记录。

【例 9-34】创建一个触发器，当修改 books 表中的 number 时，若修改后的 number 小于 1，则触发器将修改该行的 info 为 "无库存"。

（1）创建触发器 number_update，代码如下。

```
CREATE TRIGGER number_update BEFORE UPDATE
ON books FOR EACH ROW
BEGIN
  IF NEW.number < 1 THEN
    SET NEW.info = '无库存' ;
   END IF;
END;
```

运行结果如图 9-48 所示。

注意，当触发器涉及对触发表自身的更新操作时，触发时间只能使用 BEFORE，不能使用 AFTER。

（2）修改 books 表中 bookid 为 "C0001" 的图书的 number 为 0，以此验证触发器的执行结果，代码如下。

```
UPDATE books SET number = 0 WHERE bookid = 'C0001';
```

运行结果如图 9-49 所示。

```
信息   剖析   状态
CREATE TRIGGER number_update BEFORE UPDATE
ON books FOR EACH ROW
BEGIN
   IF NEW.number < 1 THEN
      SET NEW.info = '无库存' ;
   END IF;
END
> Affected rows: 0
> 时间: 0.051s
```

```
信息   剖析   状态
UPDATE books SET number = 0 WHERE bookid = 'C0001'
> Affected rows: 1
> 时间: 0.031s
```

图 9-48　创建触发器 number_update　　　　图 9-49　修改 books 表中 bookid 为 "C0001" 的图书的 number 为 0

（3）查看 books 表中 bookid 为 "C0001" 的图书信息，代码如下。

```
SELECT * FROM books WHERE bookid = 'C0001';
```

运行结果如图 9-50 所示。

图 9-50　查看 books 表中 bookid 为 "C0001" 的图书信息

从上面的结果可以看到，当表 books 中 bookid 为 "C1005" 的图书的 number 修改为 0 时，对应的 info 就被修改为 "无库存"。这是因为 UPDATE 语句引发触发器执行了触发动作，即更新表 books 中的 info。

9.3.2　查看触发器

查看触发器是指查看数据库中已经存在的触发器的定义、状态和语法信息等，可以通过 SHOW TRIGGERS 语句和在 triggers 表中查看这两种方式查看触发器。

1. 通过 SHOW TRIGGERS 语句查看触发器

通过 SHOW TRIGGERS 语句可以查看当前数据库中的所有触发器，其基本语法格式如下。

```
SHOW TRIGGERS
```

【例 9-35】通过 SHOW TRIGGERS 语句查看 library 库中的触发器。

代码如下。

```
SHOW TRIGGERS;
```

运行结果如图 9-51 所示。

Trigger	Event	Table	Statement	Timing	Created	sql_mode	Definer	character_set_clie	collation_connect	Database Collati
books_insert	INSERT	books	SET @str = '-	AFTER	2018-11-01 12:3	STRICT_TRANS_T	root@localhost	utf8mb4	utf8mb4_genera	utf8_general_ci
number_update	UPDATE	books	BEGIN IF NEW	BEFORE	2018-11-01 18:3	STRICT_TRANS_T	root@localhost	utf8mb4	utf8mb4_general	utf8_general_ci
readerid_update	UPDATE	readers	UPDATE born	AFTER	2018-11-01 15:3	STRICT_TRANS_T	root@localhost	utf8mb4	utf8mb4_general	utf8_general_ci
reader_del	DELETE	readers	DELETE FROM	AFTER	2018-11-01 12:4	STRICT_TRANS_T	root@localhost	utf8mb4	utf8mb4_general	utf8_general_ci

图 9-51　通过 SHOW TRIGGERS 语句查看 library 库中的触发器

2. 在 triggers 表中查看触发器

在 MySQL 中，所有触发器的定义都存放在 information_schema 数据库的 triggers 表格中，因此可以通过 SELECT 命令查看当前数据库中某个指定触发器的具体信息。其基本语法格式如下。

```
SELECT * FROM information_schema.triggers [WHERE 查询条件]
```

通过在 WHERE 查询条件中设置触发器的名称可以查看某个指定触发器的具体信息；如果不指定触发器，则可以查看当前数据库中所有的触发器信息。

【例 9-36】通过 SELECT 命令查看 library 库中名为 "books_insert" 的触发器。

代码如下。

```
SELECT * FROM information_schema.triggers WHERE trigger_name = "books_insert";
```

运行结果如图 9-52 所示。

信息 Result 1 剖析 状态

TRIGGER_	TRIGGER_S(	TRIGGER_NAME	EVENT_MA	EVENT_O	EVENT_OBJ	EVENT_OB	ACTION_	ACTION_(	ACTION_STATEMENT	ACTION_(	ACTION_TIMI	ACTION_REFER
def	library	books_insert	INSERT	def	library	books	1	(Null)	SET @str = '一本图书已添加'	ROW	AFTER	(Null)

图 9-52 通过 SELECT 命令查看 library 库中名为“books_insert”的触发器

由图 9-52 可知，TRIGGER_SCHEMA 是触发器所在的数据库；TRIGGER_NAME 是触发器的名称；EVENT_OBJECT_TABLE 是触发事件相关的触发表；ACTION_STATEMENT 是触发动作；ACTION_ORIENTATION 是 ROW，表示行级触发；ACTION_TIMING 是触发事件；其他项是和系统相关的信息。

9.3.3 删除触发器

和其他数据库对象一样，可以使用 DROP 语句删除触发器。其基本语法格式如下。

```
DROP TRIGGER [IF EXISTS] [数据库名.]触发器名
```

【例 9-37】删除触发器 books_insert。

代码如下。

```
DROP TRIGGER IF EXISTS books_insert;
```

运行结果如图 9-53 所示。

```
信息 剖析 状态
DROP TRIGGER books_insert
> OK
> 时间: 0.045s
```

图 9-53 删除触发器 books_insert

本章小结

过程式对象是由 SQL 和过程式语句组成的代码式片段，是存放在数据库中的一段程序。MySQL 过程式对象有存储过程、存储函数、触发器和事件。使用过程式对象具有执行速度快、确保数据库安全等优点。存储过程是存放在数据库中的一段程序，存储过程可以由程序、触发器和另一个存储过程通过 CALL 语句调用来激活。存储函数与存储过程很相似，但不能由 CALL 语句调用，它可以像系统函数一样直接引用。触发器不需要调用，它是由事件来触发某个操作过程的，只有当一个预定义的事件发生时，触发器才会自动执行。

实训项目

一、实训目的

掌握存储过程和函数的功能与作用，存储过程与函数的创建及管理方法，触发器的功能与作用，触发器的创建及管理方法。

二、实训内容

对教务管理系统数据库 ems 做以下操作。

1. 创建一个存储过程，实现的功能是删除 students 表中一个特定学生（给定姓名）的信息。调用该存储过程删除学生"王敏"的信息，结果如图 9-54 所示。

（1）创建存储过程，代码如下。

```
CREATE PROCEDURE del_students(IN stuname VARCHAR(50))
DELETE FROM students WHERE studentname = stuname;
```

（2）调用存储过程，代码如下。

```
CALL del_students('王敏');
```

2. 创建一个存储过程，根据输入的教师姓名返回其所带课程的总数目。调用该存储过程以返回教师"赵复前"所带课程的总数目，结果如图 9-55 所示。

信息	剖析	状态

```
CALL del_students('王敏')
> OK
> 时间: 0.009s
```

图 9-54 删除学生"王敏"的信息

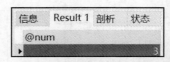

图 9-55 返回教师"赵复前"所带课程的总数目

（1）创建存储过程，代码如下。

```
CREATE PROCEDURE num_course(IN teaname VARCHAR(50),OUT num int)
SET num =
(SELECT COUNT(courseid) FROM arrangement,teachers
WHERE arrangement.teacherid =  teachers.teacherid and teachers.teachername
= teaname);
```

（2）调用该存储过程并查看其结果，代码如下。

```
CALL num_course('赵复前',@num);
SELECT @num;
```

3. 创建一个存储函数，返回 students 表中学生的总人数，结果如图 9-56 所示。

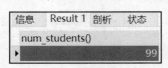

图 9-56 返回 students 表中学生的总人数

（1）创建存储函数，代码如下。

```
CREATE FUNCTION num_students()
RETURNS INT
RETURN (SELECT COUNT(*) FROM students);
```

（2）调用该存储函数，代码如下。

```
SELECT num_students();
```

4. 创建一个存储函数，根据输入的学生姓名和课程名称返回其分数。调用该函数返回学生"陈莎"公共英语课程的分数，结果如图 9-57 所示。

（1）创建存储函数，代码如下。

```
CREATE FUNCTION score_stu(stuname VARCHAR(50),courname VARCHAR(20))
RETURNS INT
RETURN
(SELECT score FROM students,courses,score
WHERE score.studentid = students.studentid AND students.studentname = stuname
AND score.courseid = courses.courseid AND courses.coursename = courname);
```

（2）调用该存储函数，返回学生"陈莎"公共英语课程的分数，代码如下。

```
SELECT score_stu('陈莎','公共英语');
```

5. 创建一个触发器 del_teachers，当删除 teachers 表中某个教师的信息时，将 arrangement 表中与该教师相关的数据全部删除，结果如图 9-58 所示。

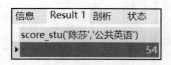

图 9-57 返回学生"陈莎"公共英语课程的分数

```
信息   剖析   状态
DELETE FROM teachers WHERE teachername = '杜倩颖'
> Affected rows: 1
> 时间: 0.009s
```

图 9-58 创建触发器 del_teachers

（1）创建触发器，代码如下。

```
CREATE TRIGGER del_teachers AFTER DELETE
ON teachers FOR EACH ROW
DELETE FROM arrangement WHERE teacherid = OLD.teacherid;
```

（2）以删除教师"杜倩颖"为例验证这个触发器的功能，代码如下。

```
DELETE FROM teachers WHERE teachername = '杜倩颖';
```

6. 创建一个触发器 update_courseid，当修改 courses 表中某门课程的 courseid 时，将 score 和 arrangement 表中与该课程相关的数据全部更新，结果如图 9-59 所示。

```
信息   剖析   状态
UPDATE score SET courseid = NEW.courseid WHERE courseid = OLD.courseid ;
UPDATE arrangement SET courseid = NEW.courseid WHERE courseid = OLD.courseid;
END
> Affected rows: 0
> 时间: 0.02s
```

图 9-59 创建触发器 update_courseid

（1）创建触发器 update_courseid，代码如下。

```
CREATE TRIGGER update_courseid AFTER UPDATE
ON courses FOR EACH ROW
BEGIN
UPDATE score SET courseid = NEW.courseid WHERE courseid = OLD.courseid ;
UPDATE arrangement SET courseid = NEW.courseid WHERE courseid = OLD.courseid;
```

```
END;
```

（2）以修改课程'公共英语'的 courseid 为例验证该触发器的功能，代码如下。

```
UPDATE courses SET courseid = 'A001' WHERE coursename = '公共英语';
```

思考与练习

对公司人事管理数据库 company 做以下操作。

1. 创建一个存储过程，实现的功能是删除 employee 表中一个特定员工（给定姓名）的信息。

2. 创建一个存储过程，实现的功能是根据输入的员工姓名输出他的部门名称和基本收入。

3. 创建一个存储过程，比较两个员工（给定姓名）的基本收入，如果前者比后者高，则输出 0，否则输出 1。

4. 创建一个存储函数以返回员工的总人数。

5. 创建一个存储函数，判断某员工（给定姓名）是否在销售部工作，若是，则返回其职位；若不是，则返回"NO"。

6. 创建一个触发器，在删除 employee 表中某员工信息的同时将 salary 表中与该员工相关的数据全部删除。

7. 创建一个触发器，实现当向 employee 表中插入一行数据时，向 salary 表中也插入一行。EmployeeID 与 employee 表中的 EmployeeID 相同，其他字段值全部为 Null。

8. 创建一个触发器，实现若将 employee 表中员工的 EmployeeLevel 增加 n，则其基本收入增加 $n*100$。

Chapter 10

MySQL

第 10 章

事务

学习目标:

- 了解事务的概念;
- 了解事务的创建与存在周期;
- 掌握事务的查询和提交;
- 掌握事务行为;
- 掌握事务的性能。

10.1　MySQL 事务概述

在 MySQL 中，事务由单独单元的一条或多条 SQL 语句组成，且各条 SQL 语句是相互依赖的。整个单独单元是一个不可分割的整体，一旦其中某条 SQL 语句执行失败或产生错误，整个单元将会回滚，所有受到影响的数据将被返回到事务开始以前的状态。如果单元中的所有 SQL 语句均执行成功，则表明事务被顺利执行。

在现实生活中，事务处理数据的应用非常广泛，如网上交易、银行事务等。下面以网上交易过程为例展示事务的概念。

用户登录电商平台，浏览该网站中的商品，将喜欢的商品放入购物车中，选购完毕后，用户对选购的商品进行在线支付，用户付款完毕，便通知商家发货。在此过程中，用户所付货款并未提交到商户手中，当用户收到商品，确认收货后，商家才会收到商品货款，整个交易过程才算完成。任何一步操作失败，都会导致交易双方陷入尴尬的境地。例如，用户在付款之后取消了订单，此时如果不应用事务处理，商家仍然继续将商品发给用户，这会导致一些不愉快的争端。故整个交易过程中，必须采用事务对网上交易进行回滚操作。

在网上交易过程中，商家与用户的交易可以看作一个事务处理过程。在交易过程中任一某个环节失败，如用户放弃下单、用户终止付款、用户取消订单、用户退货等，都可能导致双方的交易失败。应如前面在事务定义中所说，所有语句都应该被成功执行，因为在 MySQL 中任何命令失败都会导致所有操作命令被撤销，系统会返回未操作前的状态，即回滚到初始状态。

通过 InnoDB 和 BDB 类型表，MySQL 事务能够完全满足事务安全的 ACID 测试，但并不是所有表类型都支持事务，如 MyISAM 类型表就不能支持事务，只能通过伪事务对其实现事务处理。如果用户想让数据表支持事务处理能力，必须将当前操作数据表的类型设置为 InnoDB 或 BDB。

10.2　MySQL 事务的创建与存在周期

创建事务的一般过程是：初始化事务、创建事务、应用 SELECT 语句查询数据是否被录入和提交。如果用户不在操作数据库完成后执行事务提交，则系统会默认执行回滚操作。如果用户在提交事务前选择撤销事务，则用户在撤销前的所有事务将被取消，数据库系统会回到初始状态。

在创建事务的过程中，用户须创建一个 InnoDB 或 BDB 类型的数据表，语法格式如下。

```
CREATE TABLE table_name
(field_definitions)
TYPE = INNODB/BDB;
```

其中，table_name 是表名，field_definitions 是表内定义的字段等属性，TYPE 指定数据表的类型，其既可以是 InnoDB 类型，也可以是 BDB 类型。

若用户希望让已经存在的表支持事务处理，则可以使用 ALTER TABLE 命令，指定数据表的类型，语法格式如下。

```
ALTER TABLE table_name TYPE = INNODB/BDB;
```

用户准备好数据表之后，即可使数据表支持事务处理。

10.2.1 初始化事务

初始化 MySQL 事务,首先声明初始化 MySQL 事务后所有的 SQL 语句为一个单元。在 MySQL 中,应用 START TRANSACTION 命令标记一个事务的开始。初始化事务的语法格式如下。

```
START TRANSACTION;
```

另外,用户也可以使用 BEGIN 或者 BEGIN WORK 命令初始化事务,通常 START TRANSACTION 命令后跟随的是组成事务的 SQL 语句。

如果在用户输入该代码后,MySQL 数据库没有给出警告提示或返回错误,则说明事务初始化成功,用户可以继续执行下一步操作。

10.2.2 创建事务

初始化事务成功后,可以创建事务。

【例 10-1】 创建事务,向 library 数据库中的表 readers 中添加一个新读者"张三"(编号:S7010,姓名:张三,身份:学生,性别:男,学院:计算机学院,电话不填)。

(1)初始化事务。

```
START TRANSACTION;
```

(2)添加新记录。

```
INSERT INTO readers
VALUES
('S7010', '张三', '学生', '男', '计算机学院', '');
```

运行结果如图 10-1 所示。

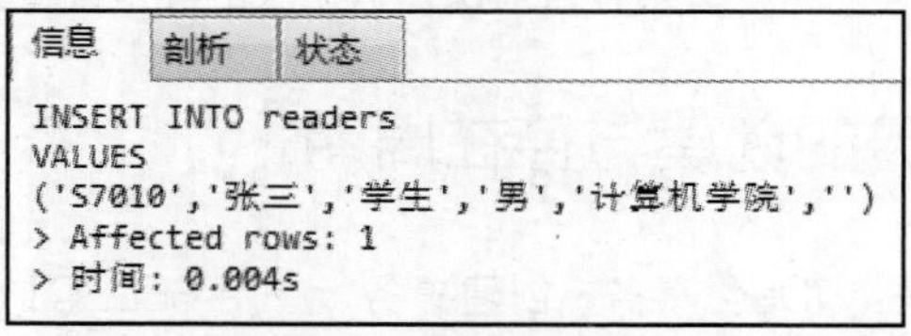

图 10-1 创建事务以添加新读者"张三"的数据

(3)使用 SELECT 语句查看该记录是否被成功录入。

```
SELECT *
FROM readers
WHERE readername = '张三';
```

运行结果如图 10-2 所示,在当前用户身份下可以看到新记录已添加成功。

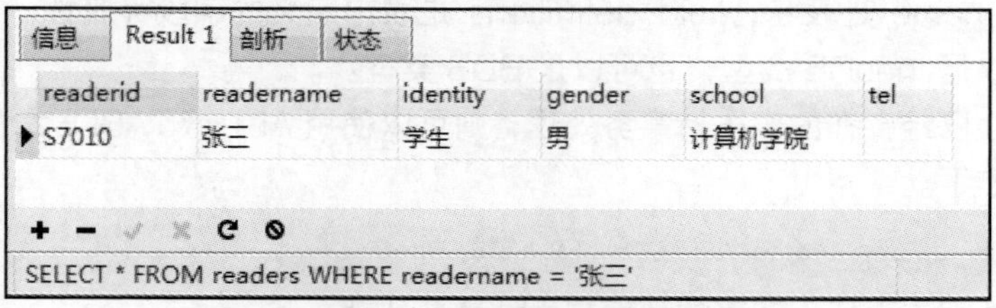

图 10-2 查询"张三"的数据是否被成功录入

10.2.3 提交事务

在用户没有提交事务之前，当其他用户连接 MySQL 服务器时，使用 SELECT 语句查询结果不会显示没有提交的事务，如图 10-3 所示。当且仅当用户成功提交事务后，其他用户才能通过 SELECT 语句查询事务结果。

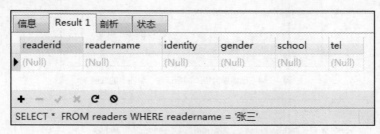

图 10-3 其他用户查询不到没有被提交的事务

事务具有孤立性，当事务处在处理过程中时，其实 MySQL 并未将结果写进磁盘中，即正在处理的事务相对其他用户不可见。一旦数据操作完成，用户可以使用 COMMIT 命令提交事务。提交事务的命令如下。

```
COMMIT;
```

一旦当前执行事务的用户提交当前事务，其他用户就可以通过会话查询结果。

10.2.4 撤销事务

撤销事务又被称为事务回滚，即事务被用户开启，用户输入的 SQL 语句被执行后，尚未使用 COMMIT 提交前，如果用户想撤销刚才的数据库操作，可使用 ROLLBACK 命令撤销数据库中的所有变化，命令如下。

```
ROLLBACK;
```

【例 10-2】 创建事务，向 library 数据库中的表 readers 中添加一个新读者"李四"（编号：S7011，姓名：李四，身份：学生，性别：女，学院：计算机学院，电话不填），然后撤销事务。

（1）初始化事务。

```
START TRANSACTION;
```

（2）添加新记录。

```
INSERT INTO readers
VALUES
('S7011', '李四', '学生', '女', '计算机学院', '');
```

运行结果如图 10-4 所示。

（3）使用 SELECT 语句查看该记录是否被成功录入。

```
SELECT *
FROM readers
WHERE readername = '李四';
```

对于操作事务的用户来说，新读者添加成功了，运行结果如图 10-5 所示。

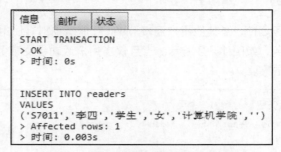

图 10-4　创建事务以添加新读者"李四"的数据

readerid	readername	identity	gender	school	tel
▶ S7011	李四	学生	女	计算机学院	

图 10-5　查看"李四"的数据是否被成功录入

（4）撤销事务。

```
ROLLBACK;
```

运行结果如图 10-6 所示。

（5）再次使用 SELECT 语句查看该记录是否存在。

操作已经被撤销，运行结果如图 10-7 所示。

图 10-6　撤销事务

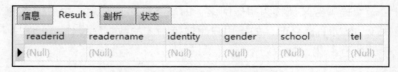

图 10-7　执行回滚操作后记录被取消

注意：如果执行回滚操作，则在输入 START TRANSACTION 命令后的所有 SQL 语句都将执行回滚操作。因此，在执行事务回滚前，用户需要谨慎选择执行回滚操作。如果用户开启事务后没有提交事务，则事务默认为自动回滚状态，即不保存用户之前的任何操作。

在现实应用中，事务撤销即事务回滚有重要的意义。例如，用户 A 和用户 B 采用银行转账方式交易，用户 A 将个人账户的部分存款转移到用户 B 的个人账户过程中，若银行的数据库系统突然发生错误或异常，则交易事务提交失败，系统执行回滚操作，恢复到交易的初始状态。因此，采用事务回滚可以避免因特殊情况而导致事务提交失败，以及相应的不必要的损失。

10.2.5　事务的存在周期

事务的周期是从 START TRANSACTION 指令开始，直到 COMMIT 指令结束。图 10-8 展示了一个简单事务的存在周期。

事务不支持嵌套功能，当用户在未结束一个事务而又重新打开另一个事务时，前一个事务会被自动提交。在 MySQL 中，很多命令都会隐藏执行 COMMIT 命令。

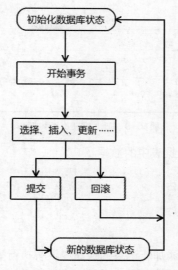

图 10-8 一个简单事务的存在周期

10.3 MySQL 事务行为

MySQL 中存在两个可以控制行为的变量，分别是 AUTOCOMMIT 变量和 TRANSACTION ISOLACTION LEVEL 变量。

10.3.1 自动提交

在 MySQL 中，如果不更改其自动提交变量，系统会自动向数据库提交结果，用户在执行数据库操作过程中不需要使用 START TRANSACTION 语句开始事务，应用 COMMIT 或者 ROLLBACK 提交事务或执行回滚操作。如果用户希望通过控制 MySQL 自动提交参数，则可以更改提交模式，这一改变过程是通过设置 AUTOCOMMIT 变量实现的。

使用以下命令会关闭自动提交。

```
SET AUTOCOMMIT = 0;
```

自动提交功能关闭时，只有当用户输入 COMMIT 命令后，MySQL 才会将数据表中的资料提交到数据库中。如果不提交事务而终止 MySQL 会话，数据库将会自动执行回滚操作。

【例 10-3】关闭自动提交功能后，向 library 数据库中的表 readers 中添加一个新读者"李四"（编号：S7011，姓名：李四，身份：学生，性别：女，学院：计算机学院，电话不填）。

（1）关闭自动提交。

```
SET AUTOCOMMIT = 0;
```

（2）添加新记录。

```
INSERT INTO readers
VALUES
('S7011','李四','学生','女','计算机学院','');
```

运行结果如图 10-9 所示。

信息 | 剖析 | 状态

```
INSERT INTO readers
VALUES
('S7011','李四','学生','女','计算机学院','')
> Affected rows: 1
> 时间: 0.012s
```

图 10-9 取消自动提交后添加记录

（3）刷新数据库后，查看数据表中的数据。

```
SELECT *
FROM readers
WHERE readername = '李四';
```

运行结果如图 10-10 所示。

用户关闭自动提交功能后，添加新记录的操作中没有执行事务的提交操作，导致数据没有成功添加。再次查询数据表中的数据可知，之前插入的数据并未插入数据库中。

另外，可以通过查看@@AUTOCOMMIT 变量查看当前自动提交状态，查看此变量同样适用 SELECT 语句，运行结果如图 10-11 所示。

信息	Result 1	剖析	状态		
readerid	readername	identity	gender	school	tel
(Null)	(Null)	(Null)	(Null)	(Null)	(Null)

SELECT * FROM readers WHERE readername = '李四'

图 10-10 事务未提交

图 10-11 查看自动提交变量

10.3.2 事务的孤立级

事务具有独立的空间，在 MySQL 服务器中，用户通过不同的会话执行不同的事务。在多用户环境中，许多 RDBMS 会话在任意指定时刻都是活动的。为了使这些事务互不影响，并保证数据库性能不受影响，采用事务的孤立级十分必要。

孤立级在整个事务中起到了很重要的作用，如果没有这些事务的孤立级，不同的 SELECT 语句将会在同一事务的环境中检索到不同的结果，这将导致数据的不一致性，给不同的用户造成困扰，这样一来，用户就不能将查询的结果集作为计算基础。所以，孤立级会强制保持每个事务的独立性，以此保证事务看到一致的数据。

基于 ANSI/ISO SQL 规范，MySQL 提供以下 4 种孤立级。

（1）SERIALIZABLE（序列化）：顾名思义，以序列的形式对事务进行处理，该孤立级的特点是只有当事务提交后，用户才能从数据库中查看数据的变化。该孤立级运行会影响 MySQL 的性能，因为其需要占用大量资源，以使大量事务在任意时间不被用户看到。

（2）REPEATABLE READ（可重读）：对于应用程序的安全性做出部分妥协，以提高其性能。事务在该孤立级上不会被看成一个序列，不过，当前在执行事务的过程中，用户仍然看不到事务的过程，直到事务被提交，用户才能看到事务的变化结果。

（3）READ COMMITTED（提交后读）：提交后读孤立级的安全性比可重读的安全性要低。在这一级的事务，用户可以看到其他事务添加的新记录。在事务处理中时，如果其他用户同时对事务的相应表进行修改，那么在同一事务中不同时间内应用 SELECT 语句可能返回不同的结果集。

（4）READ UNCOMMITTED（未提交读）：该孤立级提供事务之间的最小间隔，容易产生虚幻读操作，其他用户可以在该孤立级上看到未提交的事务。

10.3.3 修改事务的孤立级

在 MySQL 中，可以使用 TRANSACTION ISOLATION LEVEL 变量修改事务的孤立级，其中 MySQL 的默认孤立级为 REPEATABLE READ，用户可以使用 SELECT 命令获取当前事务孤立级变量的值。注意，MySQL 8.0 以前使用的变量名是 tx_isolation ，MySQL8.0 之后使用的变量名是 transaction_isolation。

```
SELECT @@transaction_isolation;
```

运行结果如图 10-12 所示。

用户可以通过 SET 命令设置不同值来修改事务的孤立级，操作命令如图 10-13 所示。

图 10-12 查看事务孤立级

图 10-13 修改事务孤立级

10.4 事务的性能

应用不同孤立级的事务可能会对系统造成一系列影响。采用不同孤立级处理事务，可能会对系统稳定性和安全性等诸多因素造成影响。另外，有些数据库操作中不需要应用事务处理，只需要用户在选择数据表类型时，选择合适的数据表类型。所以，选择表类型时，应该考虑数据表具有完善的功能，且高效执行的前提下也不会给系统增加额外的负担。

10.4.1 应用小事务

应用小事务的意义在于，保证每个事务不会在执行前等待很长时间，从而避免各个事务因为相互等待而导致系统性能大幅下降。用户在应用少数大事务时，可能无法看出因事务间相互等待而导致系统性能下降，但是当系统中存在处理量很大的数据库或多种复杂事务的时候，用户就可以明显感觉到事务因长时间等待而导致系统性能下降。所以，应用小事务可以保证系统的性能，其可以快速变化或退出，这样，其他在队列中准备就绪的事务就不会受到明显影响。

10.4.2 选择合适的孤立级

事务的性能与其对服务器产生的负载成反比，即事务孤立级越高，其性能越低，但是其安全性会越高。事务孤立级性能关系如图 10-14 所示。

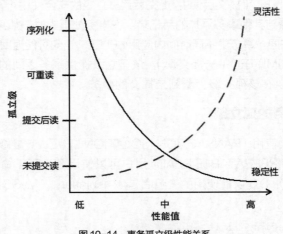

图 10-14 事务孤立级性能关系

虽然随着孤立级的增高，稳定性和灵活性也会随之改变，但这并不代表稳定性会越低，也不代表灵活性会越高，故用户在选择孤立级的时候，需要根据自身的实际情况选择适合应用的孤立级，切勿生搬硬套。

10.4.3　死锁的概念与避免

死锁即当两个或者多个处于不同序列的用户打算同时更新某相同的数据库时，因互相等待对方释放权限而导致双方一直处于等待状态。实际应用中，两个不同序列的客户打算同时对数据执行操作，极有可能产生死锁。更具体地讲，当两个事务相互等待对方释放所持有的资源，而导致两个事务都无法操作对方的资源，这样无限期地等待被称作死锁。

不过，MySQL 的 InnoDB 表处理程序具有检查死锁功能，如果该处理程序发现用户在操作过程中产生死锁，其会立刻通过撤销操作撤销其中一个事务，以使死锁消失，这样就可以使另一个事务获取对方占有的资源而执行逻辑操作。

本章小结

本章对 MySQL 中事务的创建、提交、撤销，以及存在周期进行了详细讲解，通过本章的学习，读者应该重点掌握事务如何自动提交，并且能修改事务的孤立级，同时应该了解 MySQL 事务的性能。

实训项目

一、实训目的

掌握初始化事务、创建事务、提交事务、撤销事务的操作。

二、实训内容

对教务管理系统数据库 ems 做以下操作。

1. 学院新增一门课程：Python 程序设计，课程编号 Z005，4 学分。首先初始化事务。代码如下。

```
START TRANSACTION;
```

2. 向 courses 表中添加新记录，代码如下。

```
INSERT INTO courses
VALUES
('Z005', 'Python程序设计', 4);
```

结果如图 10-15 所示。

3. 使用 SELECT 语句查看这门课是否添加成功，代码如下。

```
SELECT *
FROM courses;
```

结果如图 10-16 所示。

图 10-15　创建添加新记录事务

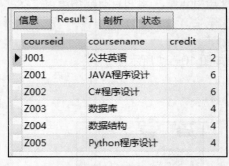

图 10-16　查看记录是否添加成功

4. 计划有变动，撤销前面的操作，代码如下。

```
ROLLBACK;
```

结果如图 10-17 所示。

图 10-17　撤销事务

5. 再次使用 SELECT 语句查看这门课是否在数据库中，代码如下。

```
SELECT *
FROM courses;
```

结果如图 10-18 所示。

6. 将"JAVA 程序设计"这门课的学分修改为 4，代码如下。

```
UPDATE courses
SET credit = 4
WHERE coursename = 'JAVA 程序设计';
```

结果如图 10-19 所示。

courseid	coursename	credit
J001	公共英语	2
Z001	JAVA程序设计	6
Z002	C#程序设计	6
Z003	数据库	4
Z004	数据结构	4

图 10-18　再次查看数据

```
信息　剖析　状态
UPDATE courses
SET credit = 4
WHERE coursename = 'JAVA程序设计'
> Affected rows: 1
> 时间: 0.11s
```

图 10-19　修改数据

7. 提交事务，代码如下。

```
COMMIT;
```

结果如图 10-20 所示。

8. 使用 SELECT 语句查看数据是否修改成功，代码如下。

```
SELECT *
FROM courses;
```

结果如图 10-21 所示。

```
信息　剖析　状态
COMMIT
> OK
> 时间: 0s
```

图 10-20　提交事务

courseid	coursename	credit
J001	公共英语	2
Z001	JAVA程序设计	4
Z002	C#程序设计	6
Z003	数据库	4

图 10-21　查看数据是否修改成功

思考与练习

对公司人事管理数据库 company 做以下操作。

1. 查看数据库的自动提交功能当前是打开，还是关闭。
2. 设置自动提交功能为关闭。
3. 将员工"王旭"的岗位等级由 9 改成 8。
4. 刷新数据库后，查看王旭的岗位等级是 9，还是 8，原因是什么？
5. 将员工"陈哲"的部门从 719 换到 264。
6. 输入命令 COMMIT。
7. 刷新数据库后，查看陈哲的部门是 719，还是 264，原因是什么？
8. 将自动提交功能设置为打开。

11

Chapter

第 11 章

数据安全

学习目标:

- 熟练掌握 CREATE USER 和 DROP USER 语句创建和删除用户的用法;
- 熟练掌握 GRANT 语句创建用户的用法;
- 熟练掌握 INSERT 和 DELETE 语句创建和删除用户的用法;
- 熟练掌握 GRANT 和 REVOKE 语句进行权限管理的用法;
- 能使用 mysqldump 命令和 mysql 命令备份和恢复数据库;
- 能使用 mysqladmin 命令进行数据库错误日志管理。

11.1 添加和删除用户

添加和删除用户在数据库管理中是很常用的功能，在 MySQL 中，有 3 种方法可用来添加用户，分别是：

（1）使用 CREATE USER 语句创建新用户。

（2）使用 GRANT 语句创建新用户。

（3）使用 INSERT 语句创建新用户。

在 MySQL 中，有 2 种方法可用来删除用户，分别是：

（1）使用 DROP USER 语句删除用户。

（2）使用 DELETE 语句删除用户。

下面分别介绍这几种添加和删除 MySQL 用户的方法。

11.1.1 使用 CREATE USER 语句创建新用户

使用 CREATE USER 语句创建新用户的语法格式为

```
CREATE USER 用户名 1 [IDENTIFIED BY [PASSWORD] '密码字符串 1']
[，用户名 2 [ IDENTIFIED BY [ PASSWORD] '密码字符串 2' ] ] …
```

参数说明如下。

● 用户名 1：必选项，表示新建用户的账户，用户名包含两部分，分别是用户名（USER）和主机名（HOST），表示为 USER@HOST 的形式。

● [IDENTIFIED BY]：可选项，用于设置用户账户的密码，MySQL 新用户可以没有密码。

● [PASSWORD]：可选项，该关键字主要用于实现对密码进行加密，如果密码是一个普通的字符串，则不需要 PASSWORD 关键字。

● 密码字符串 1：可选项，表示新建用户的密码，如果是一个普通的字符串，则不需要 PASSWORD 关键字。

● [，用户名 2 [IDENTIFIED BY [PASSWORD] '密码字符串 2']]子句：可选项，用于创建新用户，可以使用 CREATE USER 语句同时创建多个新用户。

【例 11-1】 使用 CREATE USER 语句向数据库中添加一个新用户，用户名为 tom，主机名为 localhost，密码为 123456。

使用 CREATE USER 语句创建新用户，代码如下。

```
CREATE USER 'tom'@'localhost' IDENTIFIED BY '123456';
```

运行结果如图 11-1 所示。

```
信息    剖析    状态
CREATE USER 'tom'@'localhost' IDENTIFIED BY '123456'
> OK
> 时间: 0.047s
```

图 11-1 使用 CREATE USER 语句创建新用户

11.1.2 使用 GRANT 语句创建新用户

使用 GRANT 语句创建新用户的语法格式为：

```
GRANT 权限类型 ON 数据库名.表名 TO
用户名 1 [IDENTIFIED BY [PASSWORD] '密码字符串 1']·
[,用户名 2 [ IDENTIFIED BY [ PASSWORD] '密码字符串 2' ] ]…
```

参数说明如下。

- 权限类型：必选项，表示用户的权限。
- 数据库名.表名：必选项，表示新用户的权限范围，即新创建的用户只能在指定的数据库和表上使用自己的权限。
- 用户名 1：必选项，表示新建用户的账户，用户名包含两部分，分别是用户名（USER）和主机名（HOST），表示为 USER@HOST 的形式。
- [IDENTIFIED BY]：可选项，用于设置用户账户的密码，MySQL 新用户可以没有密码。
- [PASSWORD]：可选项，该关键字主要用于实现对密码进行加密，如果密码是一个普通的字符串，则不需要 PASSWORD 关键字。
- 密码字符串：可选项，表示新建用户的密码，如果其是一个普通的字符串，则不需要 PASSWORD 关键字。
- [,用户名 2 [IDENTIFIED BY [PASSWORD] '密码字符串']]子句：可选项，用于创建新用户，可以使用 GRANT 语句同时创建多个新用户。

【例 11-2】使用 GRANT 语句向数据库中添加一个新用户，用户名为 lily，主机名为 localhost，密码为 test1。

使用 GRANT 语句创建新用户，代码如下。

```
GRANT UPDATE ON *.* TO 'lily'@'localhost' IDENTIFIED BY 'test1';
```

运行结果如图 11-2 所示。

```
信息    剖析    状态

GRANT UPDATE ON *.* TO 'lily'@'localhost' IDENTIFIED BY 'test1'
> Affected rows: 0
> 时间: 0.001s
```

图 11-2　使用 CRANT 语句创建新用户

11.1.3 使用 INSERT 语句创建新用户

使用 INSERT 语句向 mysql.user 表中插入新用户信息也可以实现新用户创建，mysql.user 表是 MySQL 中管理用户信息的表，因此，要使用 INSERT 语句创建新用户，必须拥有对 mysql.user 表的 INSERT 权限。使用 INSERT 语句创建新用户的语法格式为

```
INSERT INTO
mysql.user(Host, User, authentication_string, ssl_cipher, x509_issuer,
x509_subject)
VALUES ('主机名', '用户名', PASSWORD('密码字符串'), '', '', '')
```

参数说明如下。

- mysql.user：必选项，mysql.user 是 MySQL 中管理用户信息的表，可以通过 INSERT 语句向这个表中插入数据创建新用户。
- Host：必选项，表示允许登录的用户主机名称。
- User：必选项，表示新建用户的账户。
- authentication_string：必选项，表示新建用户的密码。
- ssl_cipher：必选项，mysql.user 表中的字段，用于表示加密算法，这个字段没有默认值，向 user 表中插入新记录时，一定要设置这个字段的值，否则 INSERT 语句将执行失败。
- x509_issuer, x509_subject：必选项，mysql.user 表中的字段，用于标志用户，这两个字段没有默认值，向 user 表中插入新记录时，一定要设置这两个字段的值，否则 INSERT 语句将执行失败。
- 主机名：必选项，表示创建新用户的主机名称的字符串。
- 用户名：必选项，表示创建新用户名的字符串。
- PASSWORD：必选项，PASSWORD()函数，用于对密码进行加密。
- 密码字符串：必选项，表示新建用户的密码。

【例 11-3】使用 INSERT 语句向数据库中添加一个新用户，用户名为 jack，主机名为 localhost，密码为 test2。

（1）使用 INSERT 语句创建新用户，代码如下。

```
INSERT INTO
mysql.user(Host, User, authentication_string, ssl_cipher, x509_issuer,
x509_subject)
VALUES ('localhost', 'jack', PASSWORD('test2'), '', '', '');
```

运行结果如图 11-3 所示。

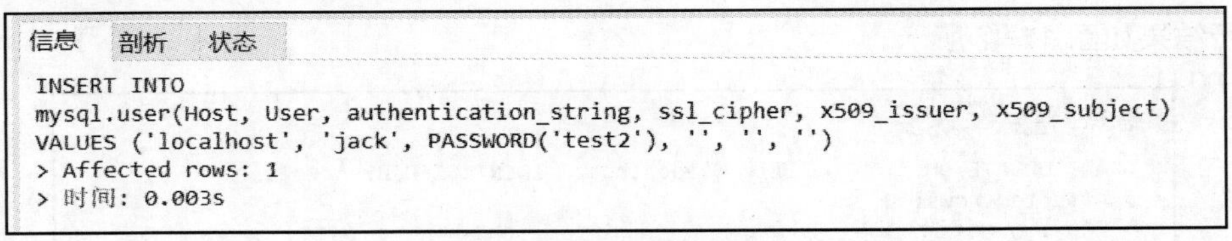

```
信息    剖析    状态
INSERT INTO
mysql.user(Host, User, authentication_string, ssl_cipher, x509_issuer, x509_subject)
VALUES ('localhost', 'jack', PASSWORD('test2'), '', '', '')
> Affected rows: 1
> 时间: 0.003s
```

图 11-3　使用 INSERT 语句创建新用户

（2）执行完 INSERT 命令后要使用 FLUSH 命令使新用户生效，这个命令可以从 MySQL 数据库中的 user 表中重新装载权限，代码如下。

```
FLUSH PRIVILEGES;
```

运行结果如图 11-4 所示。

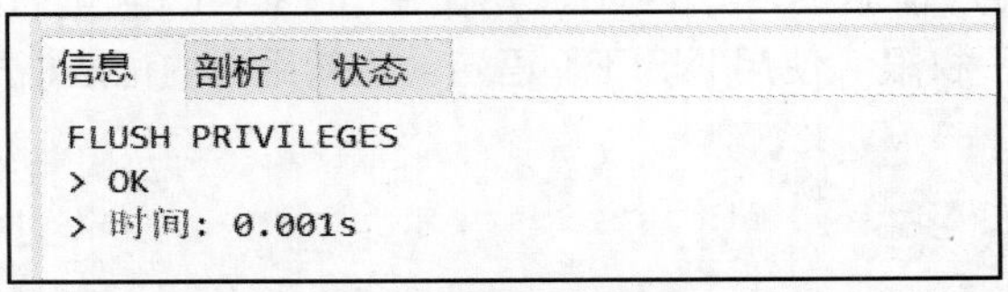

```
信息    剖析    状态
FLUSH PRIVILEGES
> OK
> 时间: 0.001s
```

图 11-4　MySQL 重新装载权限

11.1.4 使用 DROP USER 语句删除用户

使用 DROP USER 语句删除用户时，必须拥有 DROP USER 权限。DROP USER 语句的基本语法格式为

```
DROP USER 用户名1 [, 用户名2]…
```

参数说明如下。

- 用户名 1：必选项，要删除的用户名称，表示为 USER@HOST 的形式。
- [, 用户名2]：可选项，要删除的用户名称，可以使用 DROP USER 命令同时删除多个用户。

【例 11-4】使用 DROP USER 语句删除 MySQL 数据库用户 tom。

使用 DROP USER 语句删除用户 tom，代码如下。

```
DROP USER tom@localhost;
```

运行结果如图 11-5 所示。

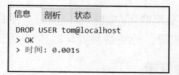

图 11-5　使用 DROP USER 语句删除用户 tom

11.1.5 使用 DELETE 语句删除用户

使用 DELETE 语句可以将用户的信息从 mysql.user 表中删除。必须拥有 mysql.user 表的 DELETE 权限，才能使用 DELETE 语句删除用户。DELETE 语句的基本语法格式为

```
DELETE FROM mysql.user WHERE Host='主机名' AND User='用户名'
```

参数说明如下。

- mysql.user：必选项，mysql.user 是 MySQL 中管理用户信息的表，可以通过 DELETE 语句从这个表中删除数据来删除用户。
- Host：必选项，表示用户所在的主机名称。
- User：必选项，表示用户的账户。
- 主机名：必选项，表示所删除用户的主机名称的字符串。
- 用户名：必选项，表示所删除用户名的字符串。

【例 11-5】使用 DELETE 语句删除 MySQL 数据库用户 jack。

（1）使用 DELETE 语句删除 MySQL 数据库用户 jack，代码如下。

```
DELETE FROM mysql.user WHERE Host='localhost' AND User='jack';
```

运行结果如图 11-6 所示。

```
信息    剖析    状态
DELETE FROM mysql.user WHERE Host='localhost' AND User='jack'
> Affected rows: 1
> 时间: 0.002s
```

图 11-6　使用 DELETE 语句删除 MySQL 数据库用户 jack

（2）执行完 DELETE 命令后要使用 FLUSH 命令使删除用户生效，这个命令可以从 MySQL 数据库中的 user 表中重新装载权限，代码如下。

```
FLUSH PRIVILEGES;
```

运行结果如图 11-7 所示。

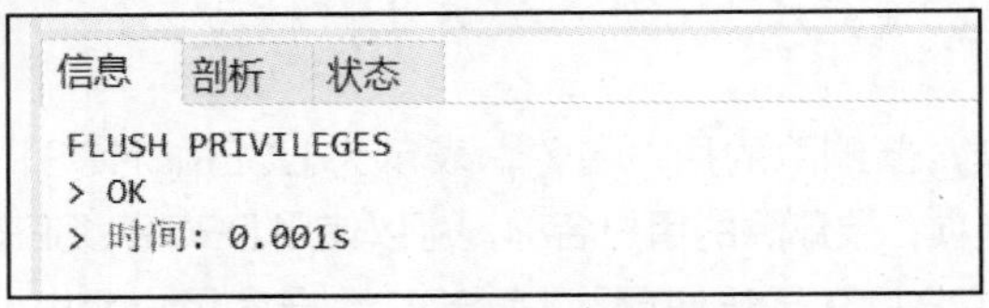

```
信息    剖析    状态

FLUSH PRIVILEGES
> OK
> 时间: 0.001s
```

图 11-7　MySQL 重新装载权限

11.2　授予权限与回收权限

权限管理主要是对登录到数据库的用户进行权限验证，用户的权限都存储在 MySQL 权限表中。本节将介绍 MySQL 的各种权限，分析讲解如何向用户授予权限和从用户回收权限。

11.2.1　MySQL 的各种权限

MySQL 数据库中有很多种类的权限，这些权限都存储在 MySQL 数据库中的权限表中。表 11-1 列出了 MySQL 中的各种权限。通过权限设置，用户可以拥有不同的权限，合理的权限设置可以保证数据库的安全。

表 11-1　MySQL 权限表

权限	权限级别	权限说明
CREATE	数据库、表或索引	创建数据库、表或索引权限
DROP	数据库或表	删除数据库或表权限
GRANT OPTION	数据库、表或保存的程序	赋予权限选项
ALTER	表	更改表，如添加字段、索引等
DELETE	表	删除数据权限
INDEX	表	索引权限
INSERT	表	插入权限
SELECT	表	查询权限
UPDATE	表	更新权限
CREATE VIEW	视图	创建视图权限
SHOW VIEW	视图	查看视图权限
ALTER ROUTINE	存储过程	更改存储过程权限
CREATE ROUTINE	存储过程	创建存储过程权限

续表

权限	权限级别	权限说明
EXECUTE	存储过程	执行存储过程权限
FILE	服务器主机上的文件访问	文件访问权限
CREATE TEMPORARY TABLES	服务器管理	创建临时表权限
LOCK TABLES	服务器管理	锁表权限
CREATE USER	服务器管理	创建用户权限
PROCESS	服务器管理	查看进程权限
RELOAD	服务器管理	执行服务器命令权限
REPLICATION CLIENT	服务器管理	复制权限
REPLICATION SLAVE	服务器管理	复制权限
SHOW DATABASES	服务器管理	查看数据库权限
SHUTDOWN	服务器管理	关闭数据库权限
SUPER	服务器管理	执行 kill 线程权限

11.2.2　授予权限

授予权限就是向某个用户赋予某些权限，如可以向新建立的用户授予查询某些表的权限。在 MySQL 中使用 GRANT 关键字为用户设置权限。只有拥有 GRANT 权限，才能执行 GRANT 语句。GRANT 语句的语法格式为：

```
GRANT 权限列表 [列列表] ON 数据库名.表名
    To 用户名 1 [IDENTIFIED BY [PASSWORD] '密码 1']
    [, 用户名 2 [IDENTIFIED BY [PASSWORD] '密码 2']]…
    [WITH 选项 1 [选项 2] …]
```

参数说明如下。

- 权限列表：必选项，表示授予的权限的列表，用逗号分隔，ALL PRIVILEGES 用于授予所有权限。
- 列列表：可选项，表示权限作用在数据表的哪些列上，如果不指定，则表示权限作用于整个表。
- 数据库名.表名：必选项，表示权限作用的数据库名及表名。
- 用户名 1：必选项，表示授予权限的用户名，形式是 "username@hostname"。
- IDENTIFIED BY：可选项，用来为用户设置密码。
- [PASSWORD]：可选项，该关键字主要用于实现对密码进行加密，如果密码是一个普通的字符串，则不需要 PASSWORD 关键字。
- 密码 1：可选项，表示新建用户的密码，如果其是一个普通的字符串，则不需要 PASSWORD 关键字。

- [, 用户名 2 [IDENTIFIED BY [PASSWORD] '密码 2']]…子句：可选项，用于同时向多个用户授权。
- [WITH 选项 1 [选项 2] …]子句：可选项，用于设置可选参数，这个参数有 5 个选项。
① GRANT OPTION：被授权的用户可以将这些权限授予别的用户。
② MAX_QUERIES_PER_HOUR count：设置每小时可以允许执行 count 次查询。
③ MAX_UPDATES_PER_HOUR count：设置每小时可以允许执行 count 次更新。
④ MAX_CONNECTIONS_PER_HOUR count：设置每小时可以允许执行 count 次连接。
⑤ MAX_USER_CONNECTIONS count：设置每个用户可以同时具有的 count 个连接数。

【例 11-6】 使用 GRANT 语句创建新用户 mike，mike 对所有数据库具有 SELECT 权限，密码为 'test2'。

使用 GRANT 语句创建新用户并授予权限，代码如下。

```
GRANT SELECT on *.* TO mike@localhost IDENTIFIED BY 'test2';
```

运行结果如图 11-8 所示。

```
信息    剖析    状态

GRANT SELECT on *.* TO mike@localhost IDENTIFIED BY 'test2'
> OK
> 时间: 0.019s
```

图 11-8 使用 GRANT 语句授予 SELECT 权限

【例 11-7】使用 GRANT 语句授予用户 mike 对 library 数据库的 books 表的 UPDATE 权限。

使用 GRANT 语句授予权限，代码如下。

```
GRANT UPDATE on library.books TO mike@localhost;
```

运行结果如图 11-9 所示。

```
信息    剖析    状态

GRANT UPDATE on library.books TO mike@localhost
> Affected rows: 0
> 时间: 0.022s
```

图 11-9 使用 GRANT 语句授予 UPDATE 权限

11.2.3 收回权限

收回权限就是取消某个用户的某些权限，例如，管理员认为某个用户不应具有 DELETE 权限，可以通过收回该用户的 DELETE 权限，保证数据库的安全。收回权限使用 REVOKE 语句。REVOKE 语句的语法格式为：

```
REVOKE 权限列表 [列列表] ON 数据库名.表名
    FROM 用户名 1, [用户名 2]…
```

参数说明如下。

- 权限列表：必选项，表示收回的权限的列表，用逗号分隔，ALL PRIVILEGES 用于收回所有权限。

- 列列表：可选项，表示权限作用在数据表的哪些列上，如果不指定，则表示权限作用于整个表。
- 数据库名.表名：必选项，表示权限作用的数据库名及表名。
- 用户名 1：必选项，表示收回权限的用户名，形式是"username@hostname"。
- [, 用户名 2]…子句：可选项，用于同时收回多个用户的权限。

【例 11-8】使用 REVOKE 语句收回用户 mike 对 library 数据库的 books 表的 UPDATE 权限。

使用 REVOKE 语句收回权限，代码如下。

```
REVOKE UPDATE on library.books FROM mike@localhost;
```

运行结果如图 11-10 所示。

信息　剖析　状态

REVOKE UPDATE on library.books FROM mike@localhost
> Affected rows: 0
> 时间: 0.012s

图 11-10　使用 REVOKE 语句收回 UPDATE 权限

【例 11-9】 使用 REVOKE 语句收回用户 mike 的所有权限。

使用 REVOKE 语句收回所有权限，代码如下。

```
REVOKE ALL PRIVILEGES on *.* FROM mike@localhost;
```

运行结果如图 11-11 所示。

信息　剖析　状态

REVOKE ALL PRIVILEGES ON *.* FROM mike@localhost
> OK
> 时间: 0.026s

图 11-11　使用 REVOKE 语句收回所有权限

11.2.4　查看权限

在 MySQL 中，用户的权限存储在 mysql.user 表中，可以使用 SELECT 语句查询 user 表中的用户权限。除此之外，可以使用 SHOW GRANT 语句查看用户的权限。SHOW GRANT 的语法格式为：

```
SHOW GRANT FOR '用户名'@'主机名'
```

参数说明如下。

- 用户名：必选项，查看权限的用户名。
- 主机名：必选项，查看权限的用户所在的主机名。

【例 11-10】 使用 SHOW GRANT 语句查看 root 用户的权限。

使用 SHOW GRANT 语句查看权限，代码如下。

```
SHOW GRANTS FOR root@localhost;
```

运行结果如图 11-12 所示。

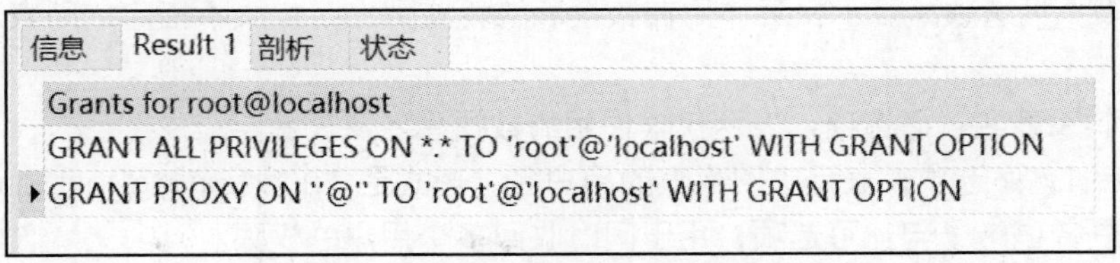

信息	Result 1	剖析	状态

Grants for root@localhost

GRANT ALL PRIVILEGES ON *.* TO 'root'@'localhost' WITH GRANT OPTION

▸ GRANT PROXY ON ''@'' TO 'root'@'localhost' WITH GRANT OPTION

图 11-12　使用 SHOW GRANT 语句查看用户权限

11.3 备份与还原

操作数据库时，难免发生一些意外，造成数据损坏或者丢失，如突然停电或者数据库管理员误操作等都会导致数据损坏或丢失。因此，工作人员要定期进行数据库备份，如此一来当出现意外并造成数据库数据损坏或者丢失时，就可以通过备份的数据还原数据库，将不良影响和损失降到最低。本节将介绍 MySQL 数据库的备份和还原。

11.3.1 使用 mysqldump 命令备份数据

在数据库的管理和维护过程中，要定期对数据库进行备份，以便数据库在遇到数据丢失或损坏时加以利用。MySQL 数据库提供了 mysqldump 命令进行备份，该命令备份一个或者多个数据库的语法格式为：

```
mysqldump -u 用户名 -p[密码] --databases 数据库 1 [数据库 2 数据库 3…] > 备份文件.sql
```

参数说明如下。

- 用户名：必选项，备份数据的用户名。
- [密码]：可选项，备份数据的用户名对应的密码，如果命令中不输入密码，会在执行命令过程中提示用户输入。
- --databases：必选项，后面接要备份的数据库名。
- 数据库 1：必选项，备份数据的用户名对应的密码。
- [数据库 2 数据库 3…]：可选项，如果需要备份多个数据库，通过空格分隔。
- 备份文件.sql：必选项，备份文件名，以.sql 文件名结尾，里面存放的是一些可执行的 SQL 语句。

【例 11-11】使用 mysqldump 命令备份 library 数据库到 library.sql 文件，保存到 C 盘下的 backup 文件夹下。

mysqldump 命令需要在命令行工具中运行，以管理员身份运行 cmd 命令打开 Windows 命令行工具，并且切换到 mysqldump 命令所在目录。使用 mysqldump 命令备份数据库，命令如下。

```
mysqldump -uroot -p123456 --databases library > c:\backup\library.sql
```

运行结果如图 11-13 所示，在 C 盘的 backup 文件夹下可以发现 library.sql。

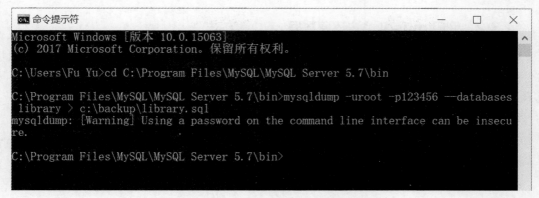

图 11-13　使用 mysqldump 命令备份单个数据库

mysqldump 命令备份所有数据库的语法格式为：

```
mysqldump -u 用户名 -p[密码] -all-databases > 备份文件.sql
```

参数说明如下。

- 用户名：必选项，备份数据的用户名。
- 密码：可选项，备份数据的用户名对应的密码，如果命令中不输入密码，会在执行命令过程中提示用户输入。
- --all-databases：必选项，说明要备份所有数据库。
- 备份文件.sql：必选项，备份文件名，以.sql 文件名结尾，里面存放的是一些可执行的 SQL 语句。

【例 11-12】使用 mysqldump 语句备份所有数据库到 all.sql 文件，并保存到 C 盘下的 backup 文件夹下。

mysqldump 命令需要在命令行工具中运行，以管理员身份运行 cmd 命令打开

Windows 命令行工具，并且切换到 mysqldump 命令所在目录，使用 mysqldump 命令备份数据库，命令如下。

```
mysqldump -uroot -p123456 -all-databases > c:\backup\all.sql
```

运行结果如图 11-14 所示，在 C 盘的 backup 文件夹下可以发现 all.sql。

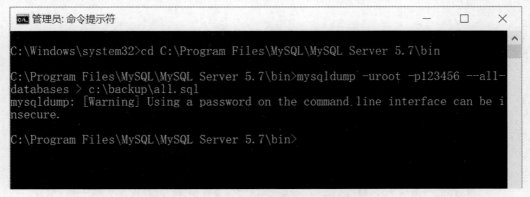

图 11-14　使用 mysqldump 命令备份所有数据库

11.3.2 使用 mysql 命令还原数据

使用 mysqldump 命令备份完数据库后，如果数据库中的数据被破坏，可以通过备份的数据文件进行还原，通过 11.3.1 的介绍可知，备份的.sql 文件中包含的是可以执行的 SQL 语句，因此只使用 mysql 命令执行这些语句就可以将数据还原。

使用 mysql 命令还原数据的语法格式为：

```
mysql -u 用户名 -p[密码] [数据库名] < 备份文件.sql
```

参数说明如下。

- 用户名：必选项，还原数据的用户名。
- [密码]：可选项，还原数据的用户名对应的密码，如果命令中不输入密码，会在执行命令过程中提示用户输入。
- [数据库名]：可选项，说明要还原的数据库名。
- 备份文件.sql：必选项，从该备份文件还原数据，以.sql 文件名结尾，里面存放的是一些可执行的 SQL 语句。

【例 11-13】 使用 mysql 命令从 library.sql 文件恢复数据到 library 数据库。

（1）为了还原 library 数据库中的数据，首先要使用 DROP 语句将 library 数据库删除，代码如下。

```
DROP database library;
```

运行结果如图 11-15 所示。

```
信息   剖析   状态

drop database library
> OK
> 时间: 0.213s
```

图 11-15　使用 DROP 语句删除 library 数据库

（2）使用 mysql 命令还原 library.sql 文件，代码如下。

```
mysql -uroot -p123456 < c:\backup\library.sql
```

运行结果如图 11-16 所示。

图 11-16　使用 mysql 命令还原 library 数据库

（3）为了确保数据还原成功，使用 SELECT 语句查询 library 数据库中 reader 表的数据，代码如下。

```
SELECT * from reader;
```

运行结果如图 11-17 所示。

信息	Result 1	剖析	状态		
readerid	readername	identity	gender	school	tel
S1001	胡峰	学生	男	计算机学院	(Null)
S1002	包膝穗	学生	女	计算机学院	(Null)
S1003	王文革	学生	男	计算机学院	(Null)
S1004	高文丽	学生	女	计算机学院	(Null)
S1005	郭鹏	学生	男	计算机学院	(Null)
S1006	周然	学生	女	计算机学院	(Null)
S1007	汪凯旋	学生	男	计算机学院	(Null)
S1008	常静	学生	女	计算机学院	(Null)

图 11-17　查询 reader 表中的数据

11.4　MySQL 日志

日志文件用于记录每天的各种行为。MySQL 中的日志也用于记录软件运行过程中的各种信息。用户登录到 MySQL，执行数据的插入、删除等操作，都会被记录在日志中。MySQL 运行过程中出现的各种异常和出错信息，也会记录到日志中。日志信息是数据库维护过程中最重要的手段之一，它记录了数据库运行过程中的各种信息，当服务器出现故障时，不仅可以通过日志文件找到出错的原因，更可以通过日志进行数据库恢复。

MySQL 中支持的日志类型包括：

（1）错误日志，会记录 MySQL 数据库启动、运行等过程中出错的信息。

（2）二进制日志，以二进制的形式记录数据库的各种操作信息，但是不记录查询操作。

（3）通用查询日志，记录数据库的启动和关闭信息，以及用户登录信息；此外，该日志中记录查询数据的 SQL 语句和更新数据的 SQL 语句。

（4）慢查询日志，记录执行时间超过指定时间的各种操作。通过工具分析慢查询日志，可获知数据库的性能瓶颈。

默认情况下，MySQL 只会启动错误日志，其他几种日志类型需要手动启动。本节将对 MySQL 错误日志的操作进行介绍，其他几种日志类型，读者可以查询相关的资料进行了解。

11.4.1　配置错误日志

在 MySQL 数据库服务器中，错误日志是默认开启的，而且错误日志无法被禁用。数据库错误日志默认存放在 MySQL 服务器的数据文件夹（C:/ProgramData/MySQL/MySQL Server 5.7/Data）下。错误日志文件的名字为 hostname.err，其中 hostname 代表 MySQL 服务器的主机名，如图 11-18 所示。

如果要修改错误日志的存放位置，可以通过修改 MySQL 数据库服务器的配置文件 my.ini 实现，需要修改的内容如下。

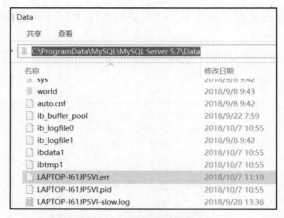

图 11-18　MySQL 错误日志文件

```
# Path to the database root
datadir=C:/ProgramData/MySQL/MySQL Server 5.7/Data
# Error Logging.
log-error="LAPTOP-I61JP5VI.err"
```

上述语句中，datadir 用来指定错误文件的存储路径，参数 log-error 用来指定错误日志文件名。

11.4.2　查看错误日志

错误日志里记录了 MySQL 数据库服务器启动和关闭的时间，以及数据库运行过程中出现的异常信息，通过这些日志可以掌握 MySQL 服务器的运行状态。

MySQL 数据库以文本的形式存储错误日志，因此可以通过常用的文本工具查看 MySQL 错误日志，如图 11-19 所示。

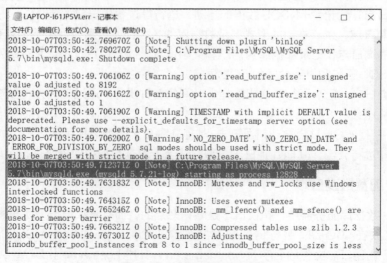

图 11-19　MySQL 错误日志内容

由图 11-18 可知，错误日志中记录了 MySQL 服务器启动和关闭信息的时间，以及其他一些提示和异常信息，这可以方便数据库管理员对 MySQL 服务器进行管理和对问题进行定位分析。

11.4.3 备份错误日志

如果要备份 MySQL 错误日志，则须首先将日志文件重命名，如命名为 filename.err-old，然后执行 mysqladmin 命令，该命令会创建一个新的错误日志文件以记录错误日志，其语法格式如下。

```
mysqladmin -u 用户名 -p[密码] flushlogs
```

参数说明如下。

- 用户名：必选项，创建新的错误日志的用户名。
- [密码]：可选项，创建新的错误日志的用户名对应的密码，如果命令中不输入密码，会在执行命令过程中提示用户输入。
- flush-logs：必选项，创建一个新的错误日志文件记录错误日志。

【例 11-14】使用 mysqladmin 命令备份 MySQL 错误日志到 C:\backup 目录下。

（1）将错误日志文件 LAPTOP-I61JP5VI.err 重新命名为 LAPTOP-I61JP5VI.err-old。

（2）使用 mysqladmin 语句开启新的错误日志，代码如下。

```
mysqladmin -uroot -p123456 flush-logs
```

运行结果如图 11-20 所示。

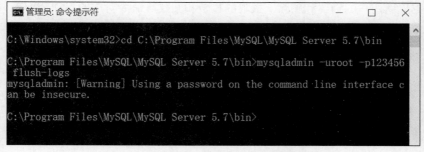

图 11-20　使用 mysqladmin 命令开启新错误日志

可以看到，MySQL 服务器的数据文件夹下重新生成了错误日志文件 LAPTOP-I61JP5VI.err，如图 11-21 所示。

Data	
共享　查看	
C:\ProgramData\MySQL\MySQL Server 5.7\Data	
名称 ^	修改日期
world	2018/9/8 9:43
auto.cnf	2018/9/8 9:42
ib_buffer_pool	2018/10/7 11:50
ib_logfile0	2018/10/7 14:07
ib_logfile1	2018/9/8 9:42
ibdata1	2018/10/7 14:07
ibtmp1	2018/10/7 11:50
LAPTOP-I61JP5VI.err	2018/10/7 14:34
LAPTOP-I61JP5VI.err-old	2018/10/7 14:19
LAPTOP-I61JP5VI.pid	2018/10/7 11:50

图 11-21　使用 mysqladmin 命令产生的新错误日志文件

（3）将旧的错误日志文件 LAPTOP-I61JP5VI.err-old 移动到 C:\backup 目录下。

本章小结

本章主要介绍了 MySQL 数据库安全与管理的相关知识。首先介绍了创建新用户和删除用户的功能，创建和删除用户有多种方法，包括使用 CREATE USER 语句、GRANT 语句、INSERT 语句创建新用户，使用 DROP USER 语句、DELETE 语句删除用户。其次介绍了用户授权的管理，分别介绍了使用 GRANT 语句和 REVOKE 语句授权和回收权限的方法。然后介绍了使用 mysqldump 命令备份数据库，使用 mysql 命令恢复数据库。最后介绍了 MySQL 错误日志的配置、查看和备份方法。上述方法全被经常用于 MySQL 数据库的管理和开发过程当中，对于数据库管理和开发人员来说，掌握并熟练使用上述方法非常重要。

实训项目

一、实训目的

掌握数据库新用户的创建和删除、权限的授予和回收等命令对应的 SQL 语句，数据库的备份和恢复命令的使用。

二、实训内容

1.使用 CREATE 语句创建新用户 ted，密码为 test3，代码如下。

```
CREATE USER 'ted'@'localhost' IDENTIFIED BY 'test3';
```

执行结果如图 11-22 所示。

```
信息    剖析    状态
CREATE USER 'ted'@'localhost' IDENTIFIED BY 'test3'
> OK
> 时间: 0.289s
```

图 11-22 创建新用户 ted

2. 使用 GRANT 语句授予用户 ted 教务管理系统数据库 ems 的所有权限，代码如下。

```
GRANT ALL PRIVILEGES on ems.* to ted@localhost;
```

执行结果如图 11-23 所示。

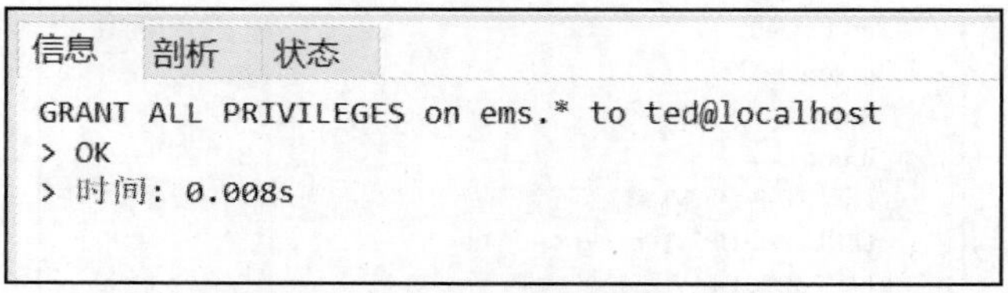

```
信息    剖析    状态
GRANT ALL PRIVILEGES on ems.* to ted@localhost
> OK
> 时间: 0.008s
```

图 11-23 授予 ted 用户 ems 数据库的所有权限

3. 使用 ted 用户将 ems 数据库备份到 C:\backup\ems.sql 文件中，代码如下。

```
mysqldump -uted -ptest3 --databases ems > c:\backup\ems.sql
```

执行结果如图 11-24 所示。

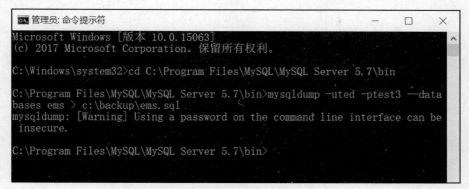

图 11-24　备份 EMS 数据库

4. 从 C:\backup\ems.sql 恢复数据到 ems 数据库，执行结果如图 11-25 所示。

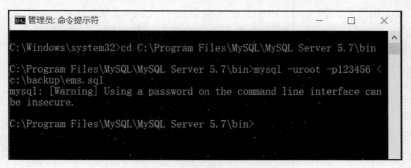

图 11-25　恢复数据到 ems 数据库

首先删除 ems 数据库，代码如下。

```
DROP DATABASE ems;
```

然后执行 mysql 命令恢复 ems 数据库，代码如下。

```
mysql -uroot -p123456 < c:\backup\ems.sql
```

5. 用 REVOKE 语句回收 ted 用户在 ems 数据库上的 INSERT、UPDATE 以及 DELETE 权限，代码如下。

```
REVOKE INSERT,UPDATE,DELETE on ems.* FROM ted@localhost;
```

执行结果如图 11-26 所示。

```
信息    剖析    状态

REVOKE INSERT,UPDATE,DELETE on ems.* FROM ted@localhost
> Affected rows: 0
> 时间: 0.009s
```

图 11-26　回收 ted 用户的部分权限

6. 使用 DROP USER 语句删除用户 ted，代码如下。

```
DROP USER ted@localhost;
```

执行结果如图 11-27 所示。

```
信息    剖析    状态

DROP USER ted@localhost
> OK
> 时间: 0.002s
```

图 11-27 删除用户 ted

思考与练习

对 MySQL 数据库中的公司人事管理数据库 company 做以下操作。

1. 使用 INSERT 语句创建新用户 jim，密码为 test4。
2. 使用 GRANT 语句授予用户 jim 关于 company 数据库的所有权限。
3. 使用 ted 用户账户将 company 数据库备份到 C:\backup\company.sql 文件中。
4. 从 C:\backup\company.sql 恢复数据到 company 数据库。
5. 使用 REVOKE 语句回收用户 jim 关于 company 数据库的 UPDATE 权限。
6. 使用 DELETE 语句删除新用户 jim。